더욱 즐겁게,
조금은 정성스럽게

엄마의 일

히구마 아사코

디자인이음

들어가며

엄마들은 아침, 점심, 저녁 식사가 끝났는가 싶으면 다음 끼니를 생각해야 합니다. 그리고 빨래를 널고 걷는 동안에도 연신 엄마를 불러대는 아이들에게 답해주고 요구를 들어줘야 하는 생활이 매일같이 반복됩니다. 게다가 좋은 평가도, 월급도, 휴가도, 대신해줄 사람도 없는 것이 엄마의 일입니다.

하지만 남의 요구를 받고 도움을 주는 것이 일이라고 한다면 집안일도, 엄마일도 그 나름대로 훌륭하지 않을까요. 회사를 그만두고 첫아이를 키울 때는 사회에서 도태된 듯한 고독감에 빠지기도 했지만 지금은 생각이 다릅니다. 저는 사회에서 물러난 것이 아니라 엄밀히 말하면 사회의 최전방이라 할 수 있는 가정에서 '엄마'라는 지위를 갖게 된 것이지요.

저희 집은 남편과 저, 중학생인 큰아들, 초등학생인 작은아들, 그리고 유치원에 다니는 딸까지 모두 다섯 식구입니다. 저는 대학 졸업 후 회사에서 홍보 일을 맡았었고 첫아이 임신과 함께 퇴직한 이래로, 지금까지 전업주부로서 줄곧 가사와 육아에 전념하고 있습니다.

저는 어떤 면허도 자격증도 없는 평범한 엄마입니다. 그저 흔하디흔한 가족의 일상을 블로그에 글로 남기며 하루하루를 보내고 있던 어느 날, '히구마네 생활'을 책으로 엮어보지 않겠냐는 제안을 받게 되었습니다.

먹고 자고 일하고 노는…. 그야말로 특별할 것도 없는 일상을 변함없이 일궈나가는 것, 집과 아이들과 사회를 진지하게 바라보며 행동하는 것, 그게 엄마의 일이라고 생각합니다. 그날그날의 일상에는 소소하지만 확실히 수많은 행복이 담겨 있습니다. 어차피 해야 할 일이라면 즐겁게, 그리고 조금은 정성스럽게! 이 책이 그런 일상에 활력이 된다면 좋겠습니다.

제 1 장

밥상 차리기

"가족이 옹기종기 모여 앉은 밥상에서 따뜻한 밥을 맛있게 먹고 자란 아이는 크게 비뚤어지지 않는다." 제가 중요하게 여기는 지론 중의 하나입니다. 육아에는 어떤 정답도 완벽한 그 무엇도 없기에 살아가는 데 가장 기본이 되는, 먹는 것만큼은 최선을 다해 만들자고 다짐해왔습니다. 가끔 소홀해질 때도 있지만 사람은 먹지 않고 살아갈 수 없으니 우선 푹 재우고 잘 챙겨 먹입니다. 그것이 식구들 한 명, 한 명에게 굳건한 토대가 되어주리라 믿으며 오늘도 정성스럽게 밥상을 차리는, 나는 평범한 엄마입니다!

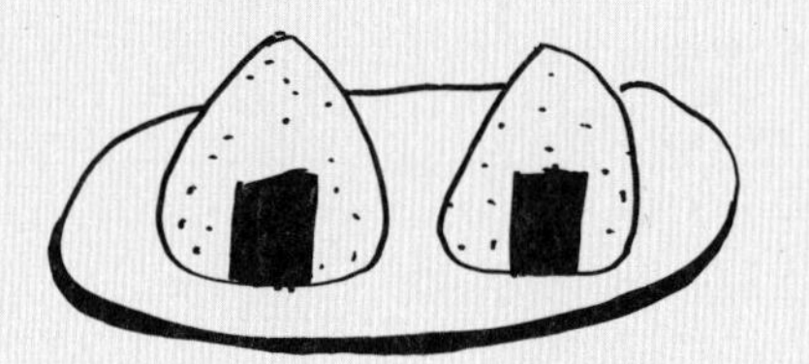

"자 먹자!"
"많이 먹어!"

매일 아이들에게 밥상을 차려주던 중, '먹이는 것이 살아가게 하는 것이 아닐까.'라는 생각이 들었습니다. 많이 먹으라는 말은 있는 힘껏 살라는 의미입니다. 밥상에서의 좋은 기억을 차곡차곡 쌓아주는 것이야말로 살아가는 게 즐거운 일이라는 것을 전해주는 것 같습니다.

사람도 동물이기에 먹어야 살 수 있습니다. 그리고 사람은 다른 이의 도움으로 살아갑니다. 기쁜 일이 있으면 먹고, 슬픈 일이 있어도 여전히 먹습니다. 매일같이 반복되는 이 행위가 하찮게 여겨질지 몰라도 우리에게 아주 중요합니다.

하지만 매일 일어나는 일상이기에 엄마들 입장에서는 늘 동기를 부여하며 음식을 준비한다는 것이 무척 버겁지요. 만들고 또 만들고, 겨우 점심이 끝났나 싶으면 어느새 돌아오는 말이 "우리 저녁은 뭐 먹지?" 그리고 일이 바쁜 남편은 귀가 시간이 늦고 아이들도 숙제하고 학원 다니느라 가족이 다 같이 둘러앉아 식사를 할 기회가 점점 줄어들고 있습니다.

그래도 최소한 쓸쓸하게 혼자 밥 먹는 일이 없도록 주방을 책임지고 있는 내가 조금만 더 노력해야지, 라고 마음을 먹습니다. 남편과 아이들이 하루의 절반을 보내고 있는 일터와 학교에서는 이런저런 일들이 일어나겠지만 그래도 집에 돌아오면 따뜻한 식사가 자신들을 맞이한다는 사실이 아주 편안하게 감싸줄 테니까요. 그리고 맛있게 먹어준다면, 엄마들에게는 그것만으로 충분하니까요.

밥은 가족을 이어주고 가족에게 안도감을 줍니다. '한솥밥을 먹은 사이'라는 말도 있듯이 남이라 하더라도 매일 한솥밥을 먹다 보면 가족처럼 가까워지는데, 하물며 가족은 어떠할까요. 소소하지만 함께 밥을 먹고 더욱 끈끈하게 가족의 정을 나누면서 그렇게 살고 싶습니다.

이러니저러니 해도 아이들은 건강하게 잘 자라주고 있고 가족 모두 편안하게 생활하고 있습니다. 가족을 생각하며 조금은 정성을 담아 차려온 밥상 덕분이 아닐까 생각합니다. 맛있는 밥상은 살아가는 데 필요한 힘의 원천이고, 삶의 저력이라고 믿으니까요.

신혼 초에 "잘 차린 밥상을 매일 맛있게 먹을 수 있어서 행복하다."고 말해준 남편의 한마디가 여전히 마음속에 남아 있습니다.

히구마네 밥상 앨범

요리책보다 친구의 레시피가 훨씬 도움이 되었던 적 있지 않으세요?
제 레시피 역시 조금이나마 도움이 되었으면 합니다.

매일 먹는 밥,
되도록 몸에 좋은 것으로

앞으로 살아갈 아이들의 몸을 생각하면 축산육이나 양식장의 물고기에 쓰는 성분도 걱정되고 유전자를 조합한 작물도 왠지 의심스럽습니다. 가능하면 농약도 적게 사용하고 비교적 바르게 만들어진 식재료에 눈을 돌리게 됩니다. 하지만 몸에 좋지 않다고 원천봉쇄 하기에는 식비 부담도 크고 먹을 것 자체가 줄어들어 밥상이 초라해질 수 있어요. 그래서 유기농에 무농약만을 고집하지 않고 가계 지출에 너무 부담이 되지 않는 선에서 유연하게 식재료를 선택해 밥상을 차립니다.

지역에서 수확한 것이나 제철식품을 선택하는 것도 중요하지요. 제철식품을 먹는 것이 몸에도 가장 좋고, 무엇보다 막 수확한 재료는 맛도 훌륭하고 신선하기에 안심이 돼요. 물론 가끔은 가공식품도 먹습니다. 하지만 살 때는 첨가물 표시를 꼼꼼하게 확인합니다. 우리들 한 명, 한 명이 어떤 자세로 구입하느냐에 따라 시장에 나오는 상품도 바뀝니다. 양심껏 충실하게 만들고 있는 업체를 응원하는 마음으로 깐깐하게 따져가며 구입합니다.

1

pal*system

2

INTERNATIONAL
03-3409-1231
KUNITACHI
042-575-1111
KINOKUNIYA
KINOKUNIYA
KINOKUNIYA

식재료 구입

1 _ 식재료는 생협에서 택배 배달

생협 택배 서비스로 일주일 치 식재료를 배달받고 있다. 유기농 재배나 저농약 채소, 화학조미료를 넣지 않은 가공식품을 취급하고 있어 안심.

2 _ 부족한 것은 슈퍼마켓에서

생협 배달이 오고 며칠이 지나면 신선한 식재료가 떨어진다. 또 그날 기분에 따라 먹고 싶은 음식도 달라지기 때문에 일주일에 두세 번은 슈퍼마켓을 이용.

히구마네 일주일 치 식탁

매주 목요일에 도착하는 식재료, 일주일 동안 모두 먹기!

저희 집은 아이들이 한창 성장기에 접어들었기 때문에 많은 양의 요리를 합니다.
남으면 도시락이나 아침 반찬으로 활용. 연중무휴 히구마네 식당, 오늘도 영업 개시!

가파오 라이스풍 볶음밥
달걀프라이
그린샐러드
유부 미역 된장국

1일째

목요일

이날은 일이 있어 하루 종일 외출했던 탓에 저녁밥은 간단하게 한 접시 요리를 준비했습니다. 굴소스로 맛을 낸 다짐육을 곁들이면 훌륭한 한 끼 식사가 돼요. 우리 집에서는 에스닉 요리도 인기 메뉴입니다.

2일째 금요일

생강 돼지구이
포테이토 샐러드
채 썬 양배추
껍질콩
무 간장절임
밥
된장국

기본 메뉴인 생강 돼지구이에 제철 콩을 곁들였습니다. 무 간장절임은 네모 모양으로 길게 자른 무(300g)를 약간 말린 뒤 간장, 미림, 식초를 각각 2큰술씩 잘 섞고 여기에 5cm 크기로 자른 다시마와 고추 한 개를 넣어 절였어요.

3 일째 토요일

다짐육을 채운 가지와 피망
오이와 어묵이 들어간 모즈쿠* 초무침
무 간장절임
콩밥
된장국

주말에는 가족이 식탁 앞에 모두 모이기 때문에 반찬은 큰 접시에 담습니다. 반찬에 손도 안 댄다거나 음식을 가리는 일이 없도록 먹든 안 먹든 되도록 여러 가지 반찬을 내놓습니다.

* 우리나라에서는 큰실말이라고 부르는 해초. 오키나와 특산물이기도 하다.

4 일째 일요일

가다랑어 다짐 샐러드
우엉무침
풋콩절임
무 간장절임
죽순밥
달걀국

남은 반찬은 다음날 아침으로!

외출했던 곳에서 신선한 죽순을 발견! 마침 가다랑어도 사 왔기 때문에 샐러드를 만들기로 했어요. 우엉무침은 빵과 같이 먹어도 맛있어요. 식빵에 슬라이스치즈와 함께 얹어 구운 뒤 마지막으로 김을 뿌려줍니다.

열빙어 초간장절임
감자 뱅어버무림
양배추와 푸성귀 초간장조림
5분 도미밥
된장국

냉동 열빙어를 튀겨낸 뒤 햇양파를 듬뿍 넣어 버무린 초간장절임. 사실 이 반찬은 반찬 가게(p.39)에서 사 와 집에서 따라해본 것이에요. 식구들도 좋아해 우리 집 기본 반찬에 당당히 합류하게 되었습니다!

6일째 화요일

연어와 연어알이 들어간 닭고기 달걀덮밥
고구마 소금무침
방울토마토 마리네
돼지고기 조개된장국

남은 된장국에 수제비를 넣고 끓이면 새 요리 탄생.

다음 식재료를 배송해주는 날이 다가오면 남은 채소들을 듬뿍 넣어 국을 끓입니다. 토종 채소가 남았으면 된장국이나 맑은장국을, 외래종 채소가 남았으면 미네스트로네 수프를 만들어요. 남은 채소는 다음날 우동이나 파스타에 넣어 모두 해결합니다.

닭가슴살 시오코지구이
푸성귀 나물
당근 달걀볶음
완두콩밥
된장국

7일째 수요일

닭가슴살을 소금과 누룩, 물을 섞어 발효시킨 시오코지에 30분 정도 담갔다가 구우면 부드럽고 육즙이 풍부해집니다. 설거지를 줄이려고 메인 요리와 채소 반찬 세 가지를 한 접시에 담았더니 색상도 다채로워 훨씬 먹음직스러운 한끼가 되었습니다.

혼자서 먹게 된 남편을 위해 작은 접시를 활용해 정식 느낌이 나도록 차린 밥상.

역시 요리 가운이 최고!

일본식 요리복은 일반적으로 화려하지 않고 수수합니다. 요즘에는 무늬가 없고 모양도 깔끔하면서 심플한 옷들이 눈에 많이 들어와요. 마음에 드는 것이 있어 구입해보았는데 이루 말할 수 없는 편안함에 감동하고 말았어요. 제가 산 〈무인양품〉 요리 가운은 마 소재로 겨울에는 따뜻하고 여름에는 시원하기 때문에 집안일 할 때 매일같이 입는답니다.
이 요리복은 앞쪽을 완전히 가려주기 때문에 기름이나 물이 튈 것을 걱정하지 않아도 되고 소매에는 고무줄이 들어가 있어 위로 쭉 올리면 일할 맛도 나요. 주방 일뿐만 아니라 청소를 할 때도 이 옷을 입으면 왠지 더 깔끔하게 끝낸 느낌이 듭니다.

1

2

3

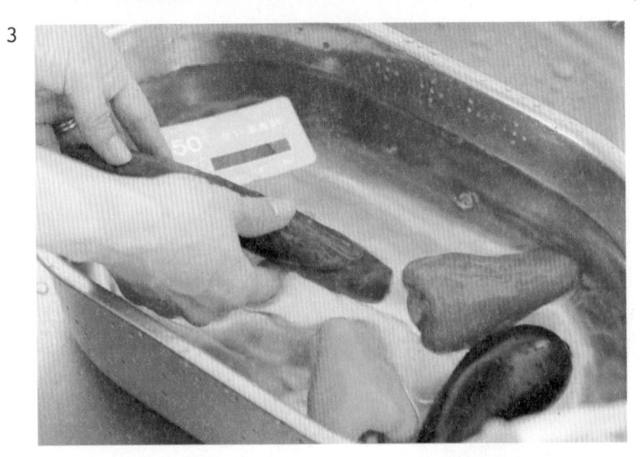

식재료 보관

1_ 녹색채소 보관

푸성귀는 신선도가 떨어지기 쉽기 때문에 사 오면 살짝 데쳐 물기를 꾹 짠 뒤 법랑용기에 보관. 실파도 물기를 꾹 짜고 잘게 썰어 유리용기에 넣는다. 이렇게 하면 쓸 때도 편하다.

2_ 푸른차조기 보관

다 쓰지 못하고 남은 푸른차조기는 1cm 정도로 물을 채운 작은 병에 자른 단면을 가지런히 해 넣은 뒤 뚜껑을 닫아 냉장고에 보관한다. 일주일 동안은 신선함이 유지된다.

3_ 50도에서 씻기

채소는 50도의 따뜻한 물에서 씻어 보관한다. 시들기 시작하는 푸성귀는 신선해지고 토마토나 당근은 단맛이 깊어진다. 신선함이 훨씬 더 오래가기 때문에 이 정도 수고는 감수할 만하다.

1

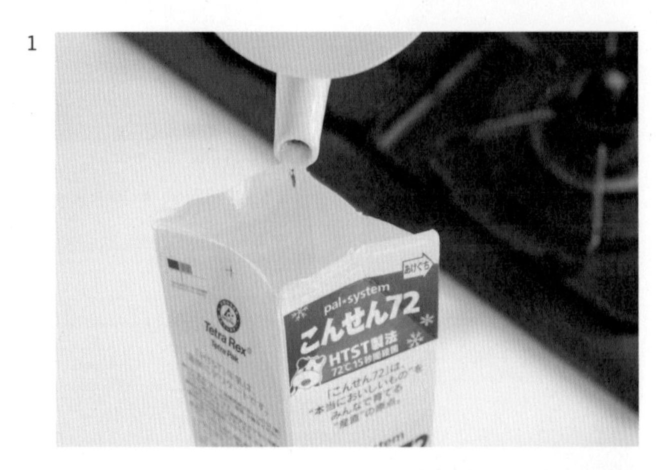

2

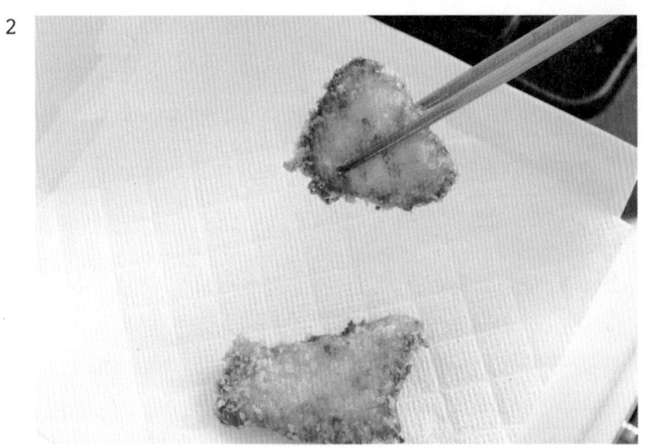

3

우유팩 이용 팁

1 오래된 기름 처리

오래된 기름은 우유팩에 넣어 버린다. 기름으로 지저분해진 냄비는 신문지나 휴지로 닦아내고 그 종이도 우유팩에 넣어 기름을 빨아들이게 한다. 팩 입구는 두 번 접어 봉한 뒤 버린다.

2 튀김 할 때

우유팩을 활짝 펼쳐 키친페이퍼를 깔고 튀김 담는 쟁반 대용으로 쓴다. 밑간이나 밀가루를 떨어낼 때, 달걀을 묻힌 뒤 빵가루를 입힐 때에도 요긴하게 쓸 수 있다.

3 보조 도마로 활용

비린내와 식중독이 신경 쓰이는 생선. 신문지 위에 우유팩을 깔고 그 위에서 손질한다. 고기 밑준비를 할 때도 좋다. 작업이 끝나면 신문지와 함께 휴지통에 버리면 그만! 도마를 씻는 수고도 덜 수 있어 일석이조다.

다진 마늘 오일절임 | 마늘을 잘게 다져 깨끗한 병에 넣은 뒤 마늘이 푹 잠기도록 카놀라유를 부으면 완성. 고추도 같이 잘게 다져 넣으면 좋다. 일주일 정도 냉장보관 할 수 있다.

만들어두면 좋은 간편 소스들

음식을 만들 때 여러 소스를 만들어두면 요리가 훨씬 즐거워져요. 고기를 굽고 술과 '마늘 생강 간장'을 끼얹으면 어느새 생강구이가 완성됩니다. 일본풍 조림은 재료를 볶고 난 뒤 맛이 연한 '홈메이드 면 쓰유'를 넣고 조리면 훨씬 맛있어져요.

'일본풍 만능 소스'는 달면서 짭조름하기 때문에 덮밥이나 꼬치구이 소스로 활용할 수 있어요. 물론 다시국물과 함께 조림의 맛을 내는 데도 좋지요. '다진 마늘 오일절임'이 있으면 파스타 소스에 갈릭 소테도 간단히 만들 수 있습니다. 프라이팬에 필요한 만큼만 덜어 요리하면 시간도 단축할 수 있어 더욱 흐뭇해요.

'시오코지'도 만들어두면 여러모로 편리한데, 고기나 생선을 적셔 굽는 것만으로 근사한 메인 요리가 완성되고 무절임, 드레싱으로도 쓰이는 등, 무궁무진하게 활용할 수 있답니다.

1

2

3

4

1 홈메이드 면 쓰유

작은 냄비에 미림 1/2컵을 넣고 중간 불에서 1분 정도 끓여 졸인다. 여기에 간장 1/2컵, 가쓰오부시 20g, 물 2컵을 추가한 뒤 불을 세게 한다. 펄펄 끓어오르면 약한 불에서 4분 끓인 뒤 가쓰오부시를 걸러내면 완성. 일주일 정도 냉장보관 할 수 있다.

2 마늘 생강 간장

병에 마늘과 생강 몇 쪽을 넣고 간장을 바특하게 부운 뒤 2~3일 동안 숙성시키면 완성. 요리하다 마늘과 생강 자투리가 남으면 이 병에 넣어둔다. 냉장고에 보관하고, 거의 다 먹었으면 간장을 다시 부어 쓴다.

3 홈메이드 시오코지

쌀누룩 1봉지(200g)에 소금 60g을 넣고 잘 섞는다(소금 분량은 누룩의 약 1/3). 400cc 물을 붓고 휘저어 뚜껑을 살짝 얹은 뒤 실온에 둔다. 매일 한 번씩 휘저어주면서 일주일에서 열흘간 실온에 두면 완성. 여름에는 냉장보관 한다.

4 만능 일식 소스

작은 냄비에 미림 1컵과 설탕 1큰술을 넣고 한소끔 끓인 뒤 간장 1컵을 추가해 다시 한 번 끓이면 완성. 냉장고에 보관. 미림을 졸일 때는 가스 감지기가 작동하는 경우가 있으니 환기팬을 켜고 할 것.

찜통의 대활약!

저희 집에는 전자레인지가 없습니다. 그렇게 말하면 모두가 의아해하지만 결혼 초부터 없이 생활해온 터라 전혀 불편함을 모르고 살았어요. 찬밥이나 반찬을 따뜻하게 데울 때 전자레인지 대신 찜통을 사용하는데, 그럼 더 맛있답니다. 무엇보다 뜨거운 김이 음식을 더 촉촉하고 부드럽게 해주는 것 같습니다.

찜통은 요코하마의 중화거리에서 샀어요. 주로 쇼마이나 고기만두를 만드는 데 사용하고 채소도 자주 찝니다. 채소는 썰어서 넣기만 하면 되는데, 단맛이 진해져 아주 맛있어요.

찜통의 장점은 통 그대로 식탁에 내놓을 수 있다는 것. 식탁 위에 놓고 뚜껑을 여는 순간 저도 모르게 탄성이 터져나옵니다. 찜통 하나로 요리가 어찌나 즐거워지는지 한 단을 더 사서 기분 좋게 밥상을 차리고 있습니다.

폭신한 찐빵으로 맛있게 변신! | 딱딱해진 빵을 찜통에 찌면 쫄깃하고 폭신하게, 그리고 따끈따끈하게 되살아난다. 맛은 그야말로 상상 초월!

백화점 지하 식품매장에서 늘리는 음식 레퍼토리

밥은 매일 먹는 만큼 새로운 메뉴를 수시로 개발하지 않으면 매너리즘에 빠지게 됩니다. 그렇게 되지 않기 위해 책이나 요리 프로그램을 보기도 하지만 영감을 얻는 데에는 백화점 지하 식품매장이나 반찬 가게만한 곳이 없습니다. 각양각색의 반찬은 보는 것만으로도 즐겁고 식재료의 조합, 그릇에 담는 법 등, 많은 힌트를 얻을 수 있어요. 먹음직스러워 보이는 반찬은 사서 맛을 보기도 해요.
사는 것만으로 만족한다면 현명한 주부가 아니지요. 맛있는 음식은 재료를 메모하고 이리저리 궁리해가며 만들어봅니다. 신 메뉴 연구라는 명목으로 가끔 반찬을 사는 일도 있는데, 스스로도 좋은 핑계거리라는 생각이 들어요.

3~4일마다 종류가 바뀌는 반찬 가게의 도시락은 맛있는 음식의 보고.

'일찍 자고 일찍 일어나 아침 먹고 학교 오기'
이것은 아이가 다니는 초등학교에서 틈날 때마다 외치는 말이에요. 아이들은 학력을 키우는 것에 앞서 생활습관이 중요하고 그 습관을 바로잡을 수 있는 곳은 바로 가정이지요. 그래서 학교는 학부모가 그 역할을 해주기를 바라는 것 같아요. 그만큼 아침밥은 중요하답니다!
저는 빵을 좋아하기 때문에 아침으로 빵을 준비할 때가 많아요. 건더기가 듬뿍 들어 있는 수프에 달걀프라이를 곁들이거나 따뜻한 샌드위치를 준비하기도 하고 갖가지 재료를 얹어 구운 빵을 내놓기도 합니다.
아침만큼은 식구 모두가 식탁에 둘러앉습니다. 아이들과 대화를 나누며 충분히 먹이고 오늘 하루도 활기차게 생활할 수 있도록 함박웃음으로 배웅합니다.

일본풍 떡피자 토스트 | 식빵에 마요네즈를 엷게 바르고 깍둑썰기 한 떡과 치즈를 얹은 뒤 간장을 떨어뜨려 만든 토스트. 김 가루를 뿌리면 완성.

나무 접시도 대활약!
여기에 반찬을 담으면 평범한 밥상도 근사한 카페 느낌으로 변신한다.

심플한 그릇들

결혼하고 제일 먼저 장만한 살림살이가 큰 것, 중간 것, 작은 것 순으로 겹쳐놓은 〈무인양품〉의 흰색 식기들입니다. 이후 세트로 유리 볼, 나무 접시, 덮밥그릇, 무늬가 없는 심플한 형태의 식기들을 구입했어요. 일본 제품은 모델이 금방 바뀌어 아쉬운 부분이 있고 평소 쓰는 그릇은 되도록 추가로 사들이고 있어요. 핀란드 주방용품 전문업체인 이딸라 사의 식기도 애용합니다. 그릇이 필요할 때면 그때그때 구입하고 있는데, 북유럽 스타일의 그릇임에도 일식과 잘 어울릴뿐만 아니라 하나같이 사용하기 아주 편해요. 저희 집 기본 식기에서 밥그릇만큼은 약간 예외인데, 독특한 무늬의 밥그릇들은 오키나와를 여행할 때 도자기 공방에서 식구들이 제각각 자기 그릇을 선택한 것이에요.

중식

양식

일식

중식, 양식, 일식.
어느 요리에도 어울리는
하얀 식기는 만능 재주꾼.

간식도 밥!

어린아이는 한 번에 먹을 수 있는 양이 적기 때문에 식사에 맞먹는 간식이 꼭 필요해요. 그래서 저는 항상 주먹밥을 조그맣게 만들어놓습니다. 지금은 두 오빠가 한창 먹을 때라 과자를 아무리 많이 만들어놓아도 늘 부족하지요. 간식으로는 역시 주먹밥만한 것이 없어요.

하지만 간식은 먹는 재미가 있어야 합니다. 오늘 간식이 뭐냐고 묻는 아이의 얼굴은 기대감으로 가득 차 있어요. 간식은 자유롭게 먹게 하는데, 단것을 먹기도 하고 때로는 함께 만들기도 해요. 엄마와 함께 한 즐거운 기억이 아이의 마음속에 새겨진다면 이보다 좋을 수 없을 것 같아요. 밥과 마찬가지로 간식에 담긴 엄마의 정성까지 먹으며 아이는 무럭무럭 자라리라 믿어요.

히구마네 간식 앨범

재밌게 만들고 맛있게 먹기!
간식으로 모두가 행복해지는 시간

은근히 중독성 있는
히구마네 레시피!

돼지고기 토마토 전골

온 가족이 옹기종기 모여 앉은 주말 식탁에 자주 등장하는 것이 전골요리에요. 전골요리 하면 겨울이 연상되지만 여름에 먹어도 아주 맛있어요.

재료(4~5인분)

돼지고기 다리살 300g
(샤브샤브용으로 얇게 썬 것)
양파 큰 것 2개
토마토 큰 것 2개
피망 2개
마늘 2쪽
올리브오일 적당량
소금, 후추 약간
※ 무 간 것, 간장 적당량

만드는 법

① 양파와 토마토는 1cm 두께로, 피망은 5mm 두께로 둥글게 썰고 마늘은 얇게 저민다.
② 깊이가 얕은 냄비에 양파, 돼지고기, 토마토 순으로 겹쳐 얹은 뒤 다시 양파, 돼지고기, 토마토를 겹쳐 얹는다.
③ 겹쳐 얹은 재료 위에 피망과 마늘을 흩뿌리고 소금, 후추를 뿌린다. 마지막으로 올리브오일을 2번 정도 끼얹은 뒤 뚜껑을 꼭 닫는다.
④ 냄비에 불을 켜고 중간 불에서 10분 정도 끓인다. 재료가 익으면 완성.
※ 갈아놓은 무에 간장을 붓고 알맞게 익은 재료를 찍어 먹으면 맛있다.

연어 된장 그라탱

연어에 무와 표고를 얹고 화이트소스에 된장을 추가하면 밥에도 잘 어울리는 그라탱이 완성됩니다. 친구가 집에 왔을 때 해주면 꼭 레시피를 물어봐요.

재료(4~5인분)

무 15cm(700g 정도)
연어 3조각
대파 15cm(또는 양파 반개)
표고버섯 1팩(8개 정도)
우유 2컵(400cc)
버터 30g
밀가루 3큰술
청주 2큰술
미소(일본된장) 2큰술
피자치즈, 빵가루 적당량
소금, 후추 약간

만드는 법

① 무는 세로로 4등분해서 2cm 두께로 썬 뒤 부드러워질 때까지 삶는다.
② 연어는 한 입 크기로 자르고 표고버섯은 얇게 썰고 대파는 얇게 어슷썰기 한다.
③ 큼직한 팬에 버터를 녹이고 ②의 표고버섯과 대파를 볶은 뒤 연어를 넣어 소금과 후추를 뿌리고 함께 볶는다. 청주를 끼얹고 뚜껑을 덮은 뒤 1~2분 조리고 우유를 붓는다.
④ 끓기 직전에 밀가루 3큰술을 동량의 물에 잘 풀어 ③에 추가한 뒤 중간 불에서 졸이다가 걸쭉해지면 미소를 넣고 한데 섞는다.
⑤ ①의 무는 물기를 없애고 내열용기에 깐 뒤 ④의 소스를 끼얹고 피자치즈, 빵가루를 뿌려 토스터(또는 240도 정도의 고온 오븐)에서 노르스름해질 때까지 15분 정도 굽는다.

잡채 샐러드

친정에서 손님들이 많이 오실 때면 늘 밥상에 올랐던 한 접시 요리에요. 식어도 맛있기 때문에 도시락으로 자주 싸고 음식을 준비해가는 모임에도 종종 들고 가요.

재료(4~5인분)

당면 1봉지(100g)
양파 1/2개
당근 1/2개
말린 표고버섯 3개
식용유 2큰술
청주 2큰술
간장 2큰술
달걀 1개
햄 4장
줄기콩 15개 정도
설탕, 소금, 후추 각각 약간

만드는 법

① 당면은 봉지에 표기되어 있는 시간대로 삶는다.
② 말린 표고는 물에 불린 뒤 얇게 썬다. 당근은 채 썬다. 양파도 섬유질을 따라서 채 썰어둔다.
③ 달걀은 설탕, 소금을 한 꼬집씩 넣고 얇게 부친 뒤 가늘게 썰어 지단을 만든다.
④ 줄기콩은 살짝 삶은 뒤 채 썰고 햄도 가늘게 채 썬다.
⑤ 프라이팬에 식용유를 두르고 ①의 당면을 볶는다.
⑥ ⑤에 당근, 양파, 표고를 넣고 함께 볶다가 청주, 간장, 소금, 후추로 간을 맞추고 접시에 담는다.
⑦ ③, ④에서 준비해둔 달걀지단과 줄기콩, 햄을 보기 좋게 얹으면 완성.
※ 먹을 때 모든 재료를 고루 잘 섞는다.

트리플 무샐러드

무말랭이, 생무, 무순. 이렇게 3가지 종류의 무로 만드는 아삭한 식감의 샐러드. 가리비 국물을 넣어 더욱 맛있어요.

재료(4~5인분)

무말랭이 1봉지(60g)
무(굵은 부분) 5cm
(250g 정도)
무순 1/2팩
가리비 통조림(작은 것) 1캔
마요네즈 3큰술
참깨 적당량
소금, 후추 약간

만드는 법

① 무말랭이는 물에 10~15분 정도 담가 불린다. 무는 채 썰고 소금 두 꼬집을 뿌려 잠시 둔다. 둘 다 물을 꼭 짠다.
② 볼에 가리비 통조림을 국물째 넣고 잘 푼 뒤 ①의 무말랭이와 무, 무순을 넣고 마요네즈, 참깨, 소금, 후추를 넣고 버무린다.

틀 쿠키

아이가 좋아하는 쿠키 만들기는 점토 놀이와 비슷해요. 이 쿠키 레시피의 반죽은 잘 들러붙지 않기 때문에 아이와 함께 만들기 좋답니다.

재료(4인분)

박력분 250g
설탕 100g
버터 100g
땅콩버터50g
(가당, 알갱이 없는 것)
달걀 1개

만드는 법

① 볼에 버터와 땅콩버터, 설탕을 넣고 거품기로 흰색을 띨 때까지 젓는다.
② 푼 달걀을 ①에 조금씩 부으면서 다시 젓는다.
③ 박력분을 털어 넣고 고무주걱으로 잘 섞어 덩어리 반죽을 만든다.
④ 밀가루를 덧뿌려놓은 쿠킹 시트 위에 반죽을 올려놓고 늘인 뒤(5mm 두께) 쿠키 틀을 찍고 이쑤시개나 스푼으로 눈, 코를 표시한다.
⑤ ④의 반죽을 오븐 철판에 가지런히 놓고 180도 오븐에서 20~25분 정도 굽는다(오븐의 종류, 쿠키 반죽의 크기에 따라 굽기 정도가 다르므로 상태를 확인하면서 시간을 조정할 것).

후르츠 밀크 젤리

우선 만들기가 쉬워요! 아무 때나 생각날 때 금방 만들 수 있기 때문에 갑작스러운 초대에도 바로 만들어 가져갈 수 있어요. 도시락 디저트로도 좋아요.

재료(4~5인분)

우유 1컵(200cc)
설탕 40g
한천가루 1봉지(4g)
과일 적당량
(딸기, 키위, 바나나 등. 통조림도 가능)

만드는 법

① 과일을 먹기 좋은 크기로 잘라 그릇에 나눠 담는다.
② 냄비에 물 1컵 반(300cc), 한천가루, 설탕을 넣고 불을 켠다. 끓어오르면 1~2분 더 끓여 한천가루를 완전히 녹인다.
③ ②에 우유를 붓고 불을 끈다.
④ ①의 과일을 담은 그릇에 붓고 냉장고에 넣어 굳힌다.

요구르트 케이크

아이들이 무척 좋아해 자주 만들어요. 치즈 케이크 맛이 나지만 요구르트로 만들었기 때문에 훨씬 담백하고 산뜻합니다.

재료(지름 20cm 틀 1개분)

플레인 요구르트 200g
우유 1컵(200cc)
생크림 1/2컵(100cc)
설탕 70g
젤라틴 가루 12g
레몬즙 레몬 1개분
비스킷 15개
버터 50g
※ 바닥이 뚫려 있는 틀을 사용할 경우에는 반죽이 흐르지 않도록 미리 틀에 랩을 깔아 둘 것.

만드는 법

① 부수어놓은 비스킷에 녹인 버터를 넣고 섞은 뒤 틀 바닥에 빈틈없이 깔고 냉장고에 넣어둔다.(※ ①은 생략해도 좋다.)
② 냄비에 우유를 붓고 45도(뜨거운) 정도로 데운 뒤 물 3큰술과 젤라틴을 넣어 녹인다.
③ 거품기로 생크림을 저어 휘핑크림을 만든 뒤 설탕, 레몬즙, 플레인 요구르트를 넣고 한데 섞는다.
④ ③에 ②를 넣고 잘 섞은 뒤 틀에 붓고 냉장고에 넣어 굳힌다.
※ 잘라서 접시에 담고 과일이나 민트잎, 남은 생크림, 얇게 썬 레몬 등으로 장식하면 훨씬 근사해진다.

견과류 타르트

타르트는 워낙 난이도가 높지만 이 레시피는 반죽 재료 3가지, 소스 재료 2가지를 잘 섞기만 하면 되기 때문에 간단해요. 견과류는 호두만 넣어도 맛있답니다.

재료(지름 22cm 틀 1개분)

박력분 160g
크림치즈 90g
유염버터 90g
달걀 1개
갈색설탕 100g
견과류 80g

만드는 법

① 크림치즈와 버터는 실온에 둬 부드러워지면 거품기로 휘젓는다.
② ①에 채에 거른 박력분을 넣고 나무주걱이나 고무주걱으로 한데 섞어 덩어리로 뭉친다. 뭉친 반죽을 손끝을 이용해 틀에 빈틈없이 말끔하게 깐다.
③ 200도 오븐에서 15분 동안 굽는다.
④ ③의 표면에 견과를 깐 뒤 설탕을 넣어 잘 풀어놓은 달걀을 붓는다.
⑤ 180도 오븐에서 30분 정도 굽는다(오븐의 종류에 따라 굽는 시간이 다르므로 알맞게 구워지지 않았다면 호일로 감싸 조금 더 구울 것).

제 2 장

정리정돈 하기

일이 잘 안 풀리고 이상하게 피곤하다 싶을 때가 있지요. 저는 그럴 때 오히려 정리정돈과 청소에 에너지를 쏟습니다. 쓸데없는 생각을 하지 않고 담담하게, 그저 무심히 몸을 움직이는 것이죠. 그렇게 집이 말끔해져 있을 즈음에는 신기하게도 마음까지 개운해져 있습니다. 청소는 운이 트이게 하는 가장 간단한 행위라고 합니다. 확실히 깨끗한 곳에서 좋은 일이 많이 일어나는 것 같아요. 집 안을 정리하다 보면 마음까지 정돈되는 듯한데 생활공간과 마음이 이어져 있기 때문이 아닐까 싶어요.

집 안을 정리정돈 하면
모든 것이 정돈된다!

육아는 치우는 것!?이라고 착각할 만큼, 아이와 생활하다 보면 집 안이 엉망진창이 됩니다. 집을 깔끔하게 유지하려면 매일매일 청소와 씨름을 해야 하지요. 아이가 있으니 어쩔 수 없는 일이라고 스스로 위로도 하지만 똑같이 아이 키우는 친구 집에 놀러 갔을 때 집 안이 말끔하게 정리되어 있는 것을 보고 아이는 핑계라는 사실을 깨달았어요. 친구는 어린아이가 넷이나 있는데도 언제나 집이 깔끔했어요.
나라고 못할 게 뭐야! 이런 마음으로 안 쓰는 물건들을 처분하고 물건 하나하나에 지정석을 만들어 매일 밤 '리셋타임'을 주기로 했어요. 아이들이 집 안의 공공장소인 거실에 나와 있는 물건을 자기 전에 모두 원래 자리로 갖다놓도록 함으로써 집 안을 말끔히 유지하게 되었습니다.
하지만 깔끔한 집이 처음부터 가능했던 것은 아니에요. 눈에 보이는 곳마다 물건이 넘쳐나 그야말로 어수선하기 짝이 없었던 옛날에는 집에 손님을 초대하기도 민망했고, 그런 집에서 첫아이를 키우는 동안은 혼자서 온갖 짜증을 다 부렸었습니다. 온갖 살림살이로 너저분해진 집을 보면 짜증이 났고, 아이 키우기가 내 마음대로 안 돼서 짜증이 났지요.

히구마네 집 내부구조

3LDK (거실 + 주방 + 다이닝룸이 합쳐진 구조)
76㎡

거실 & 식당

하루 종일 너저분할 대로 너저분해졌던 거실은 밤이 되면 깨끗해집니다. 이렇게 말끔해진 공간에서 다음 하루를 시작하고 있어요. 이곳에 터를 잡은 지 12년이 지났고 아이도 늘었지만 가족이 한데 모이는 이 공간은 이사 온 날과 거의 달라진 것이 없어요. 가구는 꼭 필요한 것 몇 개만 있어요.

주방

1

2

3

4

5

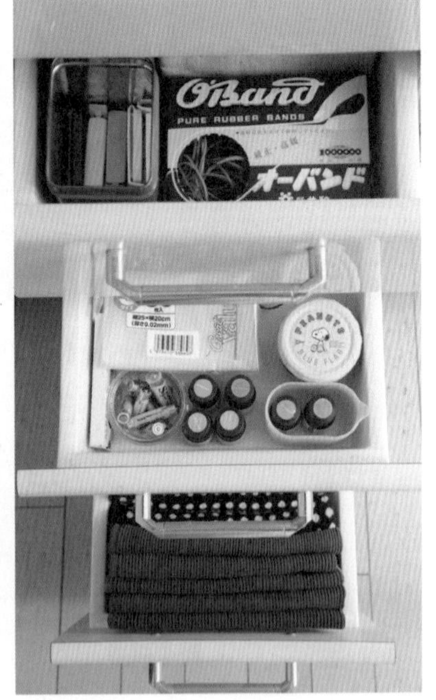

주방 수납

1__ 주방 쪽에서 연 카운터 내부. 자주 쓰는 식기는 여기에 수납.

2__ 싱크대 하부 미닫이문 안에는 100엔 숍에서 산 서류 케이스를 나란히 놓고 냄비를 수납.

3__ 식당 쪽에서 연 상부장 내부. 사용 빈도가 낮은 손님용 그릇을 수납.

4__ 싱크대 상부장. 왼쪽에는 과자 만드는 도구 수납.

5__ 서랍에는 용도별로 꺼내기 쉽게 배치. 맨 아래 서랍에는 런천매트 종류를 반듯하게 접어 수납.

넓지 않은 방이라 비좁은 느낌을 주지 않기 위해 가구를 흰색으로 통일했어요. 〈도큐핸즈〉에서 구입한 '후나모코' 책상 두 개를 놓고 양 벽면으로 같은 상표의 책장을 놓았어요. 옷장에는 우리 가족의 평상복 80%를 수납하고 있습니다.

아이 침실

큰아들이 초등학교에 들어갔을 때 형제의 침실을 마련했습니다. 옷장에는 슈트나 교복, 윗도리나 제 원피스 등을 옷걸이에 걸어 수납합니다. 침대 발치에는 '후나모코' 책장을 놓았어요. 책 만큼은 때마다 늘리고 있습니다.

<악투스>의 식탁과 <무인양품>의 의자, <도큐핸즈>에서 구입한 조명. 서로 다른 브랜드 제품이지만 색상이 비슷하면 어색하지 않다.

가구 색상은 통일감 있게

집 안에서 큰 존재감을 차지하는 가구는 색상을 통일시키는 것이 기본입니다. 가구를 좋아하는 색상으로 맞추어 놓으면 통일된 분위기를 연출할 수 있어요.
저희 집은 마루가 밝은 베이지색이기 때문에 가구도 나무 느낌이 나도록 내추럴 톤으로 연출했습니다. 큰 가구뿐만 아니라 조명기구나 벽시계, 자그마한 알람시계까지 내추럴 색상을 선택해 통일감을 살렸어요.
큰 면적을 차지하는 커튼도 마찬가지에요. 의외로 무늬가 없는 커튼을 찾기가 어려웠는데 발품을 팔아 겨우겨우 찾아냈습니다.
마음에 꼭 드는 물건을 찾을 때까지는 성급히 사지 않아요. 자주 바꿀 수 없는 큰 살림살이이기에 쉽게 타협하지 않는 것도 중요한 것 같습니다.

식당에 매달려 있는 목제 새 소품.

동물 소품으로 인테리어

세 아이가 있다 보니 언제나 왁자지껄한 우리 집. 물건들이 여기저기 너저분하게 널려 있는 공간에 있다 보면 머리가 지끈지끈해져 오기 때문에 깔끔하고 산뜻한 분위기를 내는 인테리어에 신경을 쓰고 있어요. 그렇다고 아무것도 놓지 않으면 집 안이 밋밋해져요.
그래서 저희 집에는 곳곳에 앙증맞은 동물 소품이 놓여 있답니다. 다이닝룸의 새 소품 외에도 책장에는 거북이와 개구리 모형의 오카리나가 있고 다른 선반에는 철 소재의 말과 사슴도 있는데, 일본 민예품인 것도 있고 외국에서 사 온 것도 있어요. 스타일은 다 다르지만 한 가지 공통점이 있다면 어른들 취향에 맞게 예쁘다는 것. 이런 소품들이 자칫 썰렁해지기 쉬운 공간에 포인트를 주어, 분위기도 그럴싸해져요.

2

3

1 존재감이 큰 거실 테이블은 〈악투스〉 제품.

2 그렇게 찾아 헤매다 〈이루무스〉에서 마음에 꼭 드는 TV장 발견.

3 식당 벽시계도 가구와 같은 색상으로 선택.

1

2

3

1 현관에서 가족을 맞이하는 목제 나비 모빌.

2 화장실 세면대에 오도카니 서 있는 타이 개구리.

3 CD 수납장 위에는 나라 시대 민예품인 오색 사슴.

다다미방을 다양한 공간으로!

"아무것도 없네! 어디 이사라도 가나!?"
마지막으로 하나 남아 있던 컬러박스를 벽장에 집어넣으면서 남편이 웃는 얼굴로 말했습니다. 하긴 모델하우스에도 가구 몇 개는 비치되어 있으니 그럴만도 하지요.
큰 지진이 일어나 아기용품을 넣어둔 컬러박스가 엎어지기라도 하면 끔찍할 것 같아 치워둔 것인데, 그러다 보니 다다미방은 아무것도 없는 빈 방이 되었어요. 그런데 오히려 활용도가 높아 굉장히 마음에 들어요. 아기가 만져서는 안 될 물건들이 전혀 없으니까 아기 울타리를 놓을 필요도 없고, 아기는 사방을 휘젓고 다니며 탐색할 수 있기 때문에 스트레스를 덜 받으며 자랄 수 있어요.
옛날 전통 다실이 이런 느낌이 아니었을까 생각해봅니다. 여기에서 키 작은 밥상에 밥을 차려 먹고, 식사가 끝나면 상을 치우고 늘어지게 쉬다가, 밤에는 이불을 깔고 잡니다. 그렇게 아무것도 놓지 않은 다다미방은 어떤 곳으로도 활용할 수 있는 멀티 공간이 되었어요.

벽장에 모조리 수납 | 거실에 물건을 놓지 않기 때문에 다다미방에 있는 벽장에 귀후비개에서 방석까지, 웬만한 생활용품을 모두 수납. 날을 잡아 쓰는 물건, 안 쓰는 물건을 정리하는데, 이때에는 벽장에 있는 살림살이를 모두 끄집어내기도 한다.

1

2

3

이렇게 멀티 공간으로 활용

1__ 거실을 넓게 쓰고 싶을 때는 소파를 다다미방으로 옮긴다.
2__ 밤에는 이불을 깔고 어린 딸, 남편과 나란히 잔다.
3__ 접이식 키 작은 밥상과 방석을 놓고 차를 마시기도 한다.

1

2

3

4

깔끔 유지 원칙!

1 무늬가 없는 것을 선택

의외로 무늬가 없는 것들을 찾기가 쉽지 않다. 이 커튼도 몇 달이나 돌아다니다 〈도큐핸즈〉에서 찾아낸 것이다. 눈에 보이지 않는다고 대충 사는 것이 아니라 발품을 팔아서라도 마음에 꼭 드는 물건을 선택하는 것, 깔끔하게 생활하는 비결 중의 하나다.

2 불필요한 가구는 사지 않기

필요한 물건들이 많은 주방에도 식기장 대신 이 왜건만 배치. 물수건을 많이 준비해놓고 식기나 식탁, 먹다 흘린 것 등 무엇이든 바로 닦은 뒤 세탁기에 넣는다.

3 안 쓰는 물건은 미련 없이

작아서 더 이상 못 입게 된 아이 옷은 따로 모아 조카들에게 물려준다. 집 안에 쌓이기 쉬운 신문이나 프린트물 따위도 미련 없이 버린다. 모아서 한 번에 정리하는 것보다 나올 때마다 조금씩 정리하는 것이 포인트!

4 기본적으로 하얀색을 선택

주방에서 사용하는 물건은 가짓수도 종류도 많기 때문에 기본적으로 흰색을 선택해 어수선한 인상을 주지 않도록 한다. 시트나 아이 옷 역시 흰색. 표백할 수 있어 무늬가 들어간 옷보다 훨씬 간편하게 때를 지울 수 있다.

5

6

7

8

깔끔 유지 원칙!

5 제자리 정하기
정리정돈의 기본은 위치를 정하고 쓰고 나면 제자리에 갖다놓는 것이다. 집이나 자전거 열쇠, 도장은 전화기 위쪽에 있는 바구니에. 자주 쓰는 손톱깎이도 이곳에 둔다.

6 같은 용도의 물건은 가까이에
함께 쓰는 물건을 가까이에 두는 것을 철칙으로 하다 보니 휴지통 바닥에 예비용 쓰레기봉투를 넣어두는 것도 생각하게 되었다. 봉지에 쓰레기가 가득 차면 꺼내고 바닥에 있는 예비 봉투를 바로 끼워둔다.

7 바구니의 대활약
직사각형 모양의 바구니는 공간에 딱딱 들어맞기 때문에 여러 개 가지고 있다. 수납하는 원칙은 바구니 하나당 같은 용도의 물건을 정리해두는 것. 학용품도 여기에 넣고 공부를 마쳤으면 방에 들고 들어가게 한다.

8 장난감은 벽장에
여러 색깔의 물건들이 나와 있으면 잡다한 인상을 주기 때문에 장난감도 벽장 아래쪽에 넣는다. 바퀴 달린 박스나 큼직한 바구니를 준비해 아이들도 쉽게 정리할 수 있게 한다.

1

2

3

아이들 작품을 보관하는 원칙

아이의 그림에는 그 나이 때에만 표현할 수 있는 독특한 귀여움이 있습니다. 모든 작품을 모아두고 싶지만 수납 공간이 부족하기 때문에 엄선해서 파일링하거나 사진을 찍어 보관해요.
아이들이 유치원에서 가져온 큰 작품 폴더가 아이 한 명당 두 개씩 있기 때문에 그 안에 큰 것들을 보관하고 A4 크기 그림이나 평면 작품은 클리어파일에 끼워 넣습니다. 양이 많아지면 취사선택한 뒤 작품 폴더는 공부방 책장에, 여러 클리어파일은 상자 한곳에 모아 벽장에 수납해요. 원칙을 정해두면 아이들도 부모도 정리하기 편하고 바로 찾을 수도 있답니다.

1 장식

학교나 유치원에서 가져온 그림은 한동안 벽에 걸어둔다. 특별히 잘 그린 그림은 액자에 끼워 걸기도 한다.

2 사진 찍기

입체감 있는 작품은 한동안 창가에 놓아두다가 사진을 찍고 살며시 처분. 운영하고 있는 블로그에 글과 함께 올리기도 한다.

3 파일링하기

아이마다 클리어파일을 준비해 여기에 평면 작품을 보관. 큰 그림은 집게를 활용해 관리한다.

치워야겠다고 생각은 하면서도 막상 어떻게 치워야 할지 막막할 때가 많아요. 청소와 정리정돈에는 의욕뿐만 아니라 기술도 필요한 것 같아요.

정리정돈은 마음이 중요해요. 추억이 깃든 물건이니까, 언젠가 필요할지 모르니까. 이렇게 지난날의 기억이나 앞으로 쓸지도 모른다는 막연한 기대감에 얽매어, 지금 이곳에 있는 물건들에 집착하는 한 절대로 정리할 수 없어요. 우선 관련 책을 읽으며 스스로와 대화를 나누어보는 것은 어떨까요. 그리고 물건에 대한 집착이나 얽매임에서 벗어나 봅니다. 저 역시 거기서부터 출발했습니다.

그리고 정리정돈 관련 책들을 통해 정리 기술을 하나씩 배워나갑니다. 바로 따라할 수 있는 것들도 아주 많고 무엇보다 정리하고픈 의욕이 샘솟게 해주기 때문에 많은 도움이 돼요.

추천할 만한 정리정돈 관련 책들 | 정리정돈의 선구자가 된 「버리는 기술」이나 '단사리(斷捨離-끊고 버리고 떨어지기)' 마음 정리법 관련 책들을 빼놓을 수 없다. 「인생이 빛나는 정리의 마법」 그리고 정리 기술로 집안 분위기를 바꾸는 「작은 집 수납 인테리어」도 참고가 된다.

공간의 '기氣'를 살리는 화초

식물은 그 공간이나 살고 있는 사람에게 생기를 가져다줍니다. 집 안에 화초를 두면 나쁜 기운은 없어지고 좋은 기운이 채워지는 것 같아요. 하지만 그런 식물조차도 싸움이 끊이지 않는 집에서는 말라버리는 경우가 있다고 합니다. 집에 식물이 있으면 기분까지 상쾌해지기 때문에 우리 집 인테리어에는 없어서는 안 될 보물입니다.

거실에는 하트 모양의 잎이 앙증맞은 움베라타를 놓았어요. 천 엔 주고 산 30cm 정도 높이였던 관엽식물인데 3년 동안 키웠더니 제법 크게 자랐습니다.

삼백초, 큰개불알풀 등, 길가에 피어 있는 작은 잡초도 꽃병에 꽂아두면 정말 예뻐요. 이것들은 욕실이나 주방에 놓아둡니다.

2

3

4

1__ 다다미방에는 밝은 분위기를 위해 포토스를 둔다. 식물을 키우면 쑥쑥 자라는 식물처럼 내 기운도 쑥쑥 자라는 것 같다.

2__ 꽃은 최선을 다해 살고 있는 나에게 주는 상. 500엔 정도 하는 꽃꽂이 세트를 사 와 식탁에 놓는다. 생활의 작은 사치라고나 할까. 그야말로 500엔의 행복이다.

3__ 세면대에 둔 것은 테이블야자. 세면대를 깨끗이 닦고 나서 이 화분을 놓으면 호텔 욕실 같은 분위기가 나서 기분이 좋아진다.

4__ 싱크대 옆에도 식물을 놓아두는데 수경 재배 식물이 좋다. 흙을 사용하지 않아 깨끗하기 때문에 실내에서 키우기 안성맞춤. 요리하는 중에 간혹 눈에 들어오면 마음이 편안해진다.

1

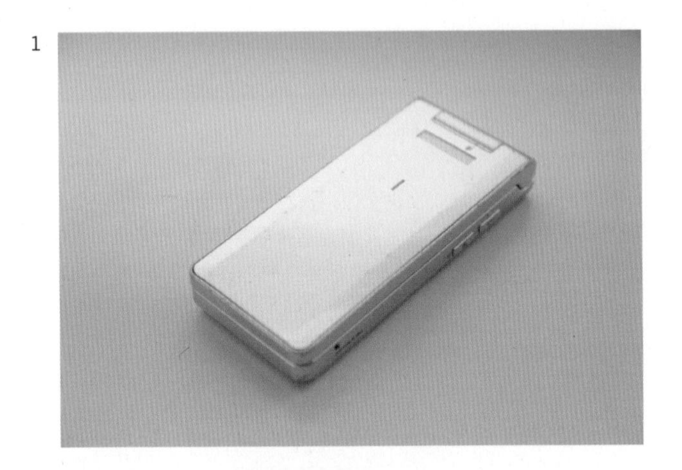

2

편리한 물건일수록 신중하게 선택

쓰기 편해 보이는 제품이 나오면 혹 하기 쉽고 주변에서 쓰기 시작하면 나도 얼른 장만해야 할 것 같은 기분이 들어요. 본디 사람이란 동물은 한번 편리함을 맛보면 뿌리치기 힘든 법. 하지만 하나를 얻으면 어떤 형태로든 대가도 치러야 합니다. 망가지면 고쳐야 하고 그것을 둘 공간도 확보해야 해요. 편리하다고 해서 너무 기계에 의존하다 보면 본디 가지고 있는 제 능력이 퇴화되기도 합니다. 그렇기에 휴대전화나 컴퓨터 같은 기계는 원칙을 정해놓고 사용해야 시간을 낭비하는 일 없이 더 유용하게 쓸 수 있어요. 인간의 욕심은 끝이 없고, 많은 물건을 손에 넣는다고 해서 행복해지는 것은 아니에요. 그래서 무언가 새로운 것을 손에 넣기 전에 집에 있는 다른 물건으로 대신할 수 없는지, 정말 우리 집에 필요한 물건인지를 신중하게 생각하고 결정합니다. 만족할 줄 아는 것, 있는 물건으로 어떻게 더 효율적으로 생활할 수 있는지 고민하는 것이 현명하지 않을까 싶어요.

1 폴더폰으로 충분!?

컴퓨터가 있기 때문에 휴대전화는 문자와 통화만 할 수 있으면 충분하다. 사실 이 폴더폰도 큰아들이 초등학교 입학할 때 장만한 것.

2 데울 때는 냄비에서

전자레인지보다 가스 불에 가열하면 영양소가 덜 파괴된다고 한다. 맛도 더 좋아져 음식을 데울 때는 냄비를 사용한다.

우리 집에 없는 물품 리스트

1__ 전자레인지

조림이나 국은 냄비에서, 튀김은 토스터에서, 식은 밥은 찜통에서 데운다.

2__ 식기세척기

아크릴 수세미와 따뜻한 물을 사용하면 웬만한 그릇은 세제 없이도 깨끗하게 닦인다. 게다가 식기세척기보다 빨리 끝난다.

3__ 스마트폰

모임 내의 정보는 컴퓨터를 통해 공유한다. 인터넷도 컴퓨터 하나면 OK.

4__ 비디오카메라

아이들 행사는 화면 너머가 아니라 내 눈으로 직접 바라보며 응원한다. 그리고 마음속에 평생 담아둔다.

5__ 자가용

외출할 때는 대중교통을 이용한다. 주차 요금, 주유비, 검사비 등 차량 유지비가 전혀 들지 않아 좋다.

왼쪽 사진: 아이 그릇은 따로 사지 않는다. | 어쩌다 플라스틱 그릇에 밥을 먹게 되었는데 아무 맛도 나지 않아 놀랐던 적이 있다. 아이가 태어났을 때도 유아용 플라스틱 그릇은 사지 않았다. 아이 그릇은 다른 용도로 쓰기에도 애매하다. 어떤 물건이든 다용도로 쓸 수 있는지를 고려할 필요가 있다. 또한 그릇은 조심스럽게 써야 깨지지 않는다는 사실을 어렸을 때부터 가르치는 것도 중요하다.

청소는 그때그때 조금씩

엄마의 일은 끝이 없어요. 특히나 어린아이를 기르다 보면 집안일 하기가 힘들지요. 게다가 저는 청소에 영 소질이 없는 사람입니다. 그렇기 때문에 조금이라도 청소하기 편하도록 정리정돈을 하지요. 청소는 싫다. 하지만 지저분한 집은 더더욱 싫다. 그래서 어떻게 해야 깔끔한 상태를 유지할 수 있을지를 매일같이 연구해요.
결국 선택하게 된 것이 그때그때 조금씩 청소하는 것. 하루에 한 곳, 혹은 어떤 일을 하는 김에 청소도 하려고 노력해요. 화장실에 들어간 김에, 수건을 교환하는 김에 휴지로, 지저분해진 수건으로 1, 2분 정도 잠깐씩 청소해요. 조금씩이라도 꾸준히 하면 깨끗함을 유지할 수 있어요.

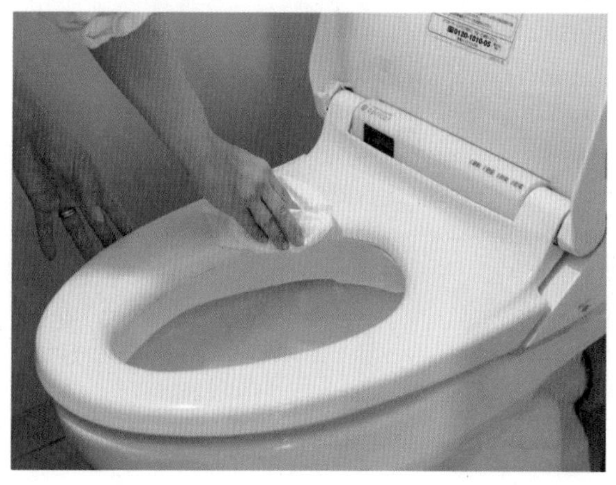

욕실 수건을 교환하기 전에 한 번 더 사용한다. 거울을 닦은 뒤 세면대, 수도꼭지까지 말끔히 닦는다. 변기는 사용할 때마다 눈에 띄는 부분을 휴지로 슬쩍 닦아둔다.

최근에 시작하게 된 청소법이에요. 어느새 지저분해지지만 일주일에 한 번, 한 곳 정도라면 부담 없고 깔끔함도 유지할 수 있어요.

1 월요일

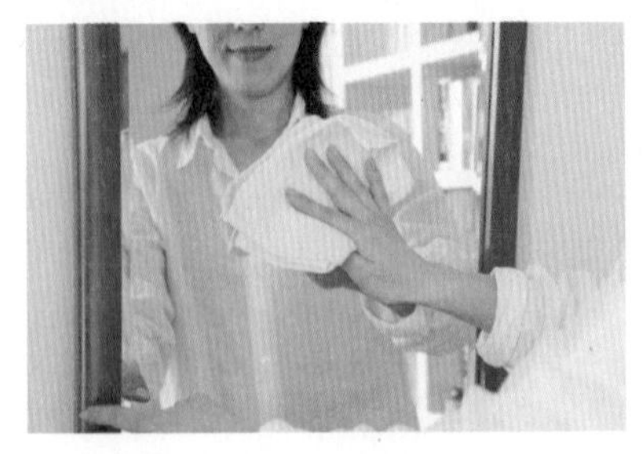

2 화요일

3 수요일

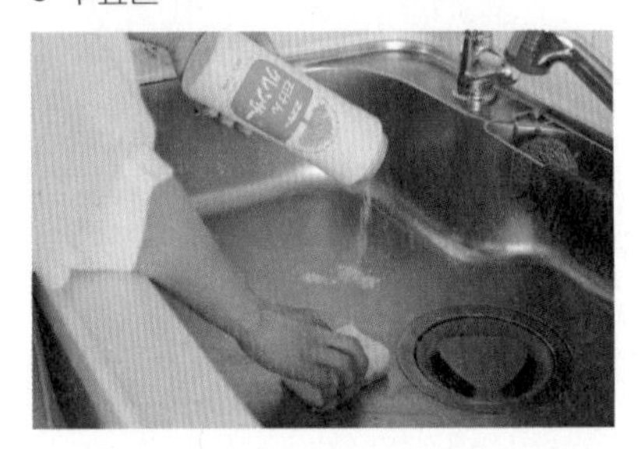

4 목요일

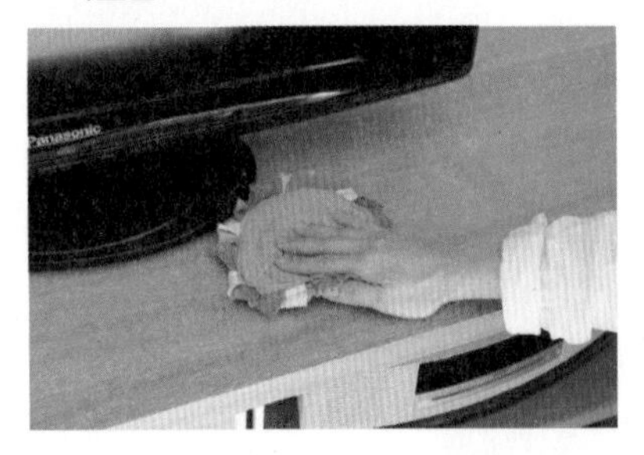

5 금요일

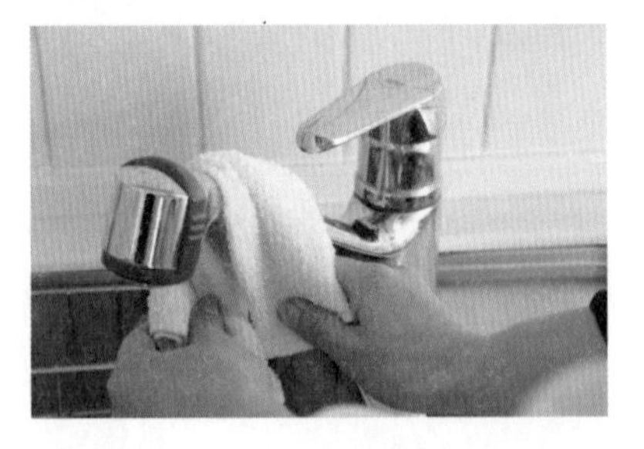

6 토요일

7 일요일

요일별 청소

1 월요일
깨끗한 거울에 내 모습을 비추며 환하게 한 주를 시작한다. 달빛을 연상하며 거울을 닦는다.

2 화요일
불을 사용하는 곳, 바로 가스레인지를 청소하는 날. 일주일에 한 번, 가스 삼발이를 빼내고 청소하면 찐득찐득한 기름때도 그렇게 심하게 눌어붙지 않는다.

3 수요일
물을 많이 쓰는 곳인 주방 싱크대를 전용세제로 닦는다. 세면대는 세제를 사용하지 않고 스펀지로 닦는다.

4 목요일
목제 가구를 닦는 날이다. TV장 먼지나 TV 본체 먼지도 전용 타월이나 물걸레로 닦아낸다.

5 금요일
샤워기 노즐이나 싱크대 수전 등, 금요일에는 어느새 더러워진 금속을 마른 타월로 박박 닦아준다.

6 토요일
베란다를 청소한다. 하지만 대대적으로 하는 것이 아니라 화초에 물을 주는 김에 빨래 건조대의 먼지나 난간을 닦는 정도로 한다.

7 일요일
햇빛이 집 안 가득 들어오도록 유리창을 닦는다. 뜨거운 물에 타월을 담갔다가 꼭 짜서 닦기만 해도 얼룩이 깨끗하게 지워진다.

대청소는 여름방학 때 | 물도 차갑지 않고 볕이 좋아 금방 마르는 여름은 대청소하기 가장 좋은 계절이다. 마치 이벤트를 열듯 분위기를 한껏 달군 뒤 아이들을 끌어들여 대청소를 시작한다. 청소도구가 있는 곳이나 청소 방법을 가르치면서 말이다.

아이들도 집안일에 참여시키기!

한 가정의 주부는 '원맨 사장'인 경우가 많아 혼자서 모든 일을 처리하는 경향이 있습니다. 아이들에게 일일이 시키는 것이 귀찮아서 그럴 테지만, 그러면 아이들의 생활력은 향상되지 않아요.
집이란 가족 구성원 모두가 생활하는 곳이기에 아이들도 적극적으로 집안일을 맡도록 하고 있어요. 조금씩 가르치면서 스스로 할 수 있게끔 말이에요. 그래야 설사 내가 병으로 자리에 눕게 되더라도 가족이 곤란해지지 않지요. 그렇게 조금씩 가르치다가 최종적으로는 아이들에게 집안일을 완전히 일임해야겠다는 야심찬 계획도 세워봅니다.
나중에 결혼해서 자신의 아내를 가사, 직장 일, 육아까지 모두 끌어안게 하는 남자로 키우지 않는 것. 이 역시 아들을 가진 엄마가 해야 할 아주 중요한 일이 아닐까요?

빨래 개기

매일매일의 빨래는 가족 모두가 자동으로 정리 정돈하는 시스템을 갖추고 있다. 옷가지별로 개는 방법과 집어넣을 곳을 진득하게 가르치며 매일 하도록 훈육해야 이 시스템이 완성된다.

빨래는 전자동 시스템으로

아침을 준비하는 제 옆에서 세탁기에 세제를 넣고 스위치를 누르는 사람은 남편입니다. 그렇게 빨래가 끝나면 제가 널고 그다음부터는 아이들이 알아서 합니다. 학교에서 돌아온 아이들은 빨래를 걷어 갠 뒤 제자리에 집어넣어요. 빨래 너는 작업은 제가 하고 그 전후 일은 나머지 식구들이 하는 것이에요.

개는 방법은 옷에 따라 정해져 있어요. 티셔츠는 서랍 두 번째 칸에 직사각형으로 세울 수 있는 모양으로 갭니다. 바지는 4등분으로 접고 양말은 돌돌 말지요. 행주도 정해진 모양으로 접었으면 겹치지 않게 세로로 해서 서랍장에 넣습니다. 이렇게 하면 바로 보여서 찾을 때도 꺼낼 때도 아주 편해요.

제3장

몸 관리하기

엄마가 건강해야 집안이 편해요! 물론 다른 식구들도 매일매일 건강하게 생활해야 회사 일도 공부도 잘할 수 있어요. 심신을 건강하게 유지하기 위해서는 역시 평소 생활이 중요해요. 약, 병원, 마사지…. 다른 사람의 도움으로 당장은 좋아졌다 할지라도 생활이 흐트러지면 그 근간이 무너집니다. 내 가족의 건강은 내가 지켜야죠. 그렇게 마음을 먹으면 나도 모르게 근거 없는 자신감이 불끈 솟아요. 병원까지 갈 정도가 아니라면 집에서 얼마든지 회복할 수 있다고 생각해요. 그렇기에 가족 모두가 밝고 건강하게 생활할 수 있는 방법을 몇 가지 익히고 있는 것이 좋습니다.

생각과 행동으로 성격까지 바꿀 수 있다

엄마는 건강해야 합니다. 한밤중에도 젖 달라고 우는 아이 때문에 몇 번이고 깨고, 안아주고, 공원에 데리고 나가 놀아주고. 매일매일이 체력 싸움이죠. 그리고 엄마가 불안해하면 아이들도 불안해집니다. 물론 다른 가족도 건강해야 합니다. 한 사람이라도 아프면 집안 분위기는 어두워지죠. 모두가 몸과 마음이 건강해야 제 힘을 발휘할 수 있어요. 그러기 위해서는 평소 생활 습관과 건강 유지가 무엇보다 중요합니다.

원래 친정 엄마가 굉장히 건강을 챙기시는 분인데, 때가 되면 비파잎 엑기스에, 현미효소, 그리고 몸에 좋다는 열매까지 항상 보내주십니다. 저도 엄마를 닮았는지 가족에게 매일같이 열심히 먹이고 있습니다.

그러던 중, 자연치료법의 대가로 알려진 도죠 유리코 선생의 저서인 「가정에서 할 수 있는 자연요법」과 「밥상머리에서의 육아」를 접하게 되었고 아이들이 태어난 후로 바이블처럼 읽어왔습니다. "엄마는 지금이야말로 주방으로 돌아와야 한다!"며 집안에서 엄마의 역할이 얼마나 중요한지를 일깨워주었습니다.

하지만 저는 아이들에게 그다지 유난스러운 엄마는 아닙니다. 아이는 모래밭에서 놀다가 모래를 먹기도 하고 뛰어다니다 상처가 나기도 합니다. 건강한 아이니까 놀다가 다치기도 하는 것이라고 생각합니다. 아이들이 다칠까 무서워 거실에 카펫이나 매트를 까는 일도 없습니다. 열이 나는 것도 몸이 잘 싸우고 있다는 증거입니다. 아이는 엄마들이 걱정하는 것처럼 그렇게 연약한 존재가 아닙니다.

매사에 긍정적이라는 말을 자주 듣지만 사실 제 성격은 어두운 편입니다. 남과 나를 비교하며 마냥 부러워하기도 했고, 가지지 못한 것들을 손에 꼽으며 한숨도 쉬어봤고, 아무 보람 없이 매일 반복되는 육아에 지쳐 무력감에 빠지기도 했지요. 하지만 눈앞에 닥친 육아를 나 몰라라 할 수 없었기에 우는 아이를 어르고 달래기를 반복했습니다. 영원히 목적지에 다다르지 못하는 길 위에 있는 것 같았지만 즐겁게 받아들이기로 했어요. 어떻게 보면 포기하는 법을 배웠다고도 할 수 있겠어요. '괜찮아, 그냥 우리 집은 우리 집이야.' 이렇게 스스로를 달래는 사이 정말로 마음이 편안해졌고, 위선이라는 말을 들어도 좋으니 아이나 다른 사람을 위해 옳다고 여겨지는 행동을 하기로 했습니다. 그러는 동안 나도 모르게 지금의 내가 되어 있었습니다.

이런 말이 있습니다. "생각은 언젠가 말로, 말은 언젠가 행동으로, 행동은 언젠가 습관으로, 습관은 언젠가 성격으로, 그리고 성격은 언젠가 그의 운명이 된다." 생각을 바꾸면 마음도 바뀝니다. 몸을 가지런히 하면 마음도 가지런해집니다. 이렇게 사람은 나이가 몇 살이 되었건 변하고자 마음먹고 행동에 옮긴다면 얼마든지 변할 수 있습니다.

냉기冷氣는 만병의 근원.
몸은 언제나 따뜻하게

체온이 1도 내려가면 면역력은 30%나 감소한다고 합니다. 그래서 평상시 체온을 되도록 높게 유지하려고 해요. 반신욕이나 양말을 겹쳐 신고 여름에도 따뜻한 차를 마시거나 복대로 배를 따뜻하게 감싸는 등 여러 가지로 노력하고 있어요.

아이는 낮에 몸이 차가워지면 그날 밤 열이 나기도 합니다. 그것은 차가워진 몸이 자신을 따뜻하게 하려고 열을 내는 것이기 때문에 실은 건강하다는 증거이기도 해요. 하지만 열이 있는데도 발이 차가울 때는 양동이에 따뜻한 물을 받고 식지 않도록 더운 물을 부어가면서 족욕을 시킵니다. 몸이 약간 차갑다 싶을 때에도 부모와 아이가 차례로 족욕을 합니다. 아이는 5분 정도, 어른은 전신이 따뜻해질 때까지 담갔다가 물기를 말끔히 닦으면 끝! 보통 이렇게 하면 초기 발열 정도는 잡을 수 있어요.

양동이에 든 따뜻한 물 한 바가지로 가족의 건강을 지킬 수 있다는 자신감이, 의사나 약에 의존하지 않고 우리 자신의 면역력을 믿으며 건강하게 생활하는 비결인 것 같아요.

1

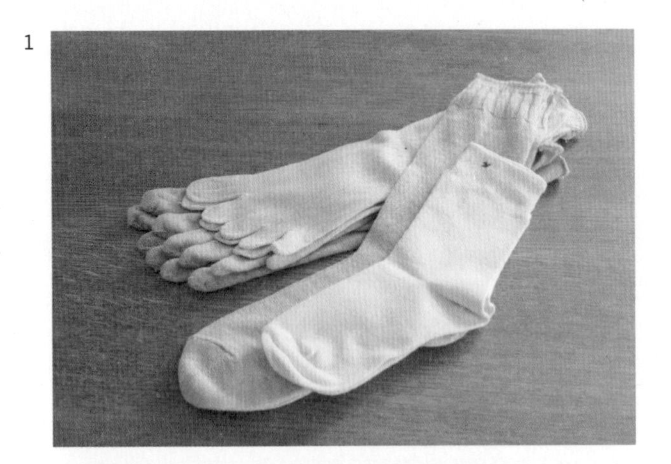

2

3

몸을 따뜻하게

1_ 양말

견직물 발가락양말 → 면직물 발가락양말 → 견직물 양말 → 면직물 양말. 이렇게 겹쳐 신으면 냉기를 잡는 동시에 몸속의 독소도 배출시킬 수 있다.

2_ 복대

바깥으로 보여도 미관상 전혀 문제없는 검은색 복대는 〈무인양품〉 제품. 귀여운 캐릭터 복대는 〈호보니치〉 제품. 속을 따뜻하게 하는 것이 중요!

3_ 유탄포

겨울에는 뜨거운 물을 이용한 난방 용품인 유탄포를 이불속에 넣어두면 아침까지 따뜻하다. 밤사이 별도의 난방이 필요 없을 정도.

1 바스 솔트 워터그린 & 주니퍼 향 500g | <크나이프>
2 레스큐 크림 30g | <프루나마 인터내셔널>
3 아니카 마사지오일 50ml | <벨레다>

피부에 닿는 것은 되도록 천연제품으로

아기 용품에는 세심하게 주의를 기울이면서 어느 정도 성장한 아이나 어른들의 용품은 등한시해도 되나 의아할 때가 있어요. "피부를 통해 들어오는 독소(경피독)는 몸 밖으로 배출되지 않고 축적되어 언젠가 건강상의 문제를 일으키는 원인이 되기 때문에 입으로 들어오는 독소(경구독)보다 훨씬 무섭다."는 얘기를 들은 뒤, 지금 당장은 아무 일이 일어나지 않더라도, 피부에 닿는 물질에 다소 주의를 기울이게 되었습니다.
〈크나이프〉의 바스 솔트는 돌소금과 천연 허브의 에센스를 사용한 입욕제. 〈프루나만〉의 레스큐 크림은 피부가 거칠어졌거나 벌레에 물렸을 때 등, 피부 트러블 전반에 사용할 수 있는 만능 크림입니다. 〈벨레다〉 오일은 어깨 결림, 요통, 혈액순환에도 효과가 좋아요. 제품을 선택하는 기준은 임신부도 사용할 수 있을 만큼 안전해야 한다는 것이에요.

녹차 유칼립투스 스프레이

만드는 법

① 뜨거운 물을 부어 진하게 우려낸 녹차 200cc를 준비한다(참고: 녹차잎 6g, 뜨거운 물 200cc).

② 식으면 방부제로 쓰일 에탄올(약국 등에서 판매하고 있는 소독용) 1작은술을 넣는다.

③ 유칼립투스 에센셜오일을 몇 방울 떨어뜨리면 완성.

녹차의 카테킨 성분을 이용한 자외선 방지와 모기 퇴치까지, 한 병으로 일석이조의 효과를 얻을 수 있는 스프레이. 사용감이 가볍고 씻는 수고도 덜 수 있어 아이도 간편하게 사용할 수 있다. 피부가 약한 아이를 둔 친구에게 권했더니 모기를 쫓는 데 아주 탁월했다며 그 효과를 입증해주었다. 냉장고에 2주 정도 보관할 수 있지만 향이 날아가기 때문에 사용 기간은 일주일 정도가 좋다. 자외선 방지 효과는 3시간 정도 지속되니 틈틈이 뿌려준다.

비파잎 엑기스

만드는 법

① 녹색이 진한 두꺼운 비파잎을 따서 말끔히 씻은 뒤 물기를 닦고 약간 말린 상태에서 가위로 자른다.
② 매실주 등을 만들 때 사용하는 병에 잎을 채우고 잎이 잠길 정도로 소주를 부운 뒤 밀봉한다.
③ 여름에는 3개월, 겨울에는 4개월 정도 그대로 두고 잎의 색이 갈색으로 변하면 잎을 꺼낸다.

소화가 잘 안 될 때, 피곤할 때, 아프고 난 뒤에 물이나 차로 다섯 배 정도 희석해 마신다. 목이 아플 때, 구내염이나 치육염(잇몸에 생기는 염증)일 때는 이것으로 가글한다. 습진, 벌레 물린 데, 가려움, 화상에는 해당 부위에 직접 바르고(화장수 대용으로도 OK), 관절이나 손가락을 삐었을 때는 두 배 정도로 엷게 해서 습포한다. 여러모로 쓰이는 만능 엑기스! 상온에서 반영구적으로 보관 가능. 막 딴 비파잎 대신 비파 찻잎으로도 만들 수 있다.

※ 어린아이나 피부가 약한 사람은 안전을 위해 팔 안쪽에 테스트를 한 뒤 사용할 것.

エッセンシャルオイル
ESSENTIAL OIL
LAVENDER
ESSENTIAL OIL

셋째 아이를 출산하고 퇴원하려는 시점에 하필이면 둘째 아이가 인플루엔자에 걸리고 말았어요. 우선 응급으로 할 수 있는 것을 해야겠다는 생각에 남편에게 〈무인양품〉의 아로마 디퓨져와 에센셜오일을 병실에 갖다달라고 부탁했습니다.
살균과 살바이러스 효과가 뛰어나다고 알려진 티트리와 유칼립투스 오일을 항상 피워둔 덕분인지 둘째 아이의 인플루엔자는 가족 누구에게도 옮지 않았고 건강하게 산후조리를 할 수 있었습니다.
이 유칼립투스 오일은 공기를 정화해줄뿐만 아니라 정신이 산만해지는 것을 잡아주어 집중력을 강화해준다고 알려져 있어요. 감기 예방은 물론, 머리도 맑게 해주기 때문에 입시를 준비하는 수험생들에게도 최적의 오일이랍니다.
이후 라벤더 오일도 구입했는데, 이 오일은 신경을 안정시켜주는 효과가 있어 가사와 육아로 스트레스가 쌓이기 쉬운 엄마들에게 아주 좋고, 숙면에도 효과적입니다.
매해 겨울이 되면 이런저런 질병이 유행하는데, 잠시나마 위안이 될 수 있는 에센셜오일을 적극 추천합니다.

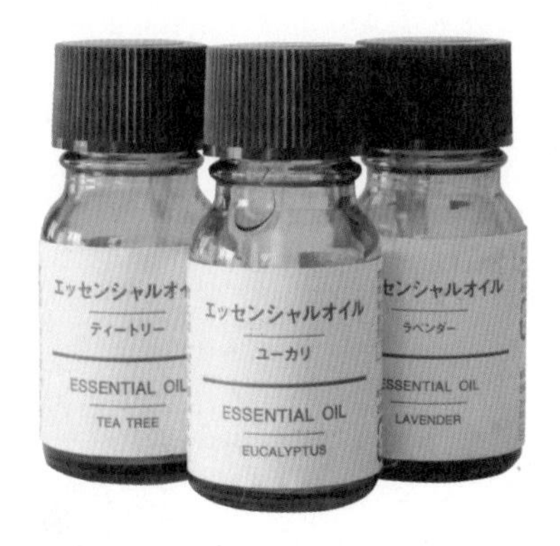

기분과 목적에 맞는 에센셜오일 선택 | 맡았을 때 그 향이 좋게 느껴진다면 자신에게 필요한 역할을 해줄 오일이다.
에센셜오일(왼쪽부터) 티트리, 유칼립투스, 라벤더 각각 10ml | <무인양품>

1

2

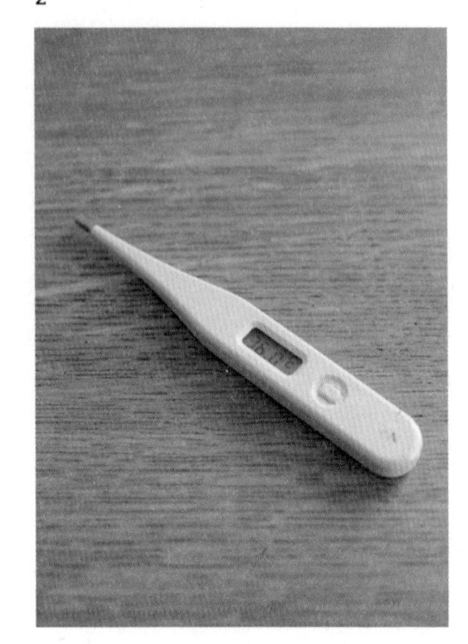

3

4

건강을 위한 다양한 노력

1 여름에도 따뜻한 음료를

에어컨이나 차가운 음료 등, 의외로 한겨울보다 여름의 냉기가 우리 건강을 위협한다. 내장은 차가워지면 기능이 떨어지기 때문에 여름에도 따뜻한 음료를 마셔 몸이 차가워지지 않도록 한다.

2 감기는 사후 관리가 중요

감기로 오른 열이 내리기 시작하다가 한 차례 평상시 체온보다 떨어지는 시점이 있다. 체력과 저항력이 가장 떨어져 있는 때이므로 몸조리에 더욱 신경을 써야 한다. 열을 내는 것은 일종의 디톡스!

3 세탁비누 추천

둘째 아이의 피부가 약해서 피부과 의사 추천으로 〈미요시〉의 소요카제라는 비누를 사용하게 되었다. 합성세제와 달리 유분기가 남아 있기 때문에 유연제도 필요 없다.

4 요가로 기분전환

어깨가 결리거나 몸이 나른하면 DVD를 보며 요가를 한다. 태양예배 자세 등, 몇 가지 자세를 따라하다 보면 호흡이 깊어지고 촉촉하게 땀도 배어 나와 확실히 몸이 개운해진다.

5

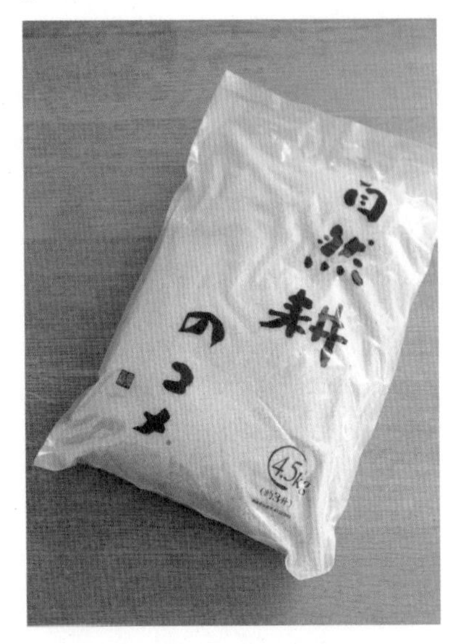

6

7

8

건강을 위한 다양한 노력

5 자연 경작한 5분 도미
다양한 생물이 사는 비옥한 자연환경에서 논을 갈지 않고 키워 수확한 쌀. 미네랄이 풍부하고 영양가가 높은 쌀을 매일 먹고 있어 건강한 몸을 유지하는 것 같다.

6 매실청
복통이 있을 때는 이것을 따뜻한 물에 엷게 희석해 마신다. 정장작용, 살균작용 외에도 혈액을 정화시키는 효과도 있기 때문에 피로회복에도 좋고 입덧에도 좋다. 마시고 나면 활력이 생긴다.

7 노카페인 민들레차
미네랄이 풍부한 민들레 뿌리를 볶아 우린 차. 몸 깊숙한 곳부터 따뜻하게 해 모유를 촉진시키고 변통도 좋아지기 때문에 엄마들을 위한 차인 것 같다. 〈난포포도〉 세품이 아주 맛있다!

8 쓰임새가 다양한 키파워솔트
천연소금을 고온에서 구워 만든 것으로 환원력이 높아 농약을 씻어 내는 데 효과가 있고, 여름에는 더위 먹지 않도록 물에 엷게 타서 마시면 좋다. 소금물 가글은 구내염에도 좋다. 요리할 때 넣어도 그만이다.

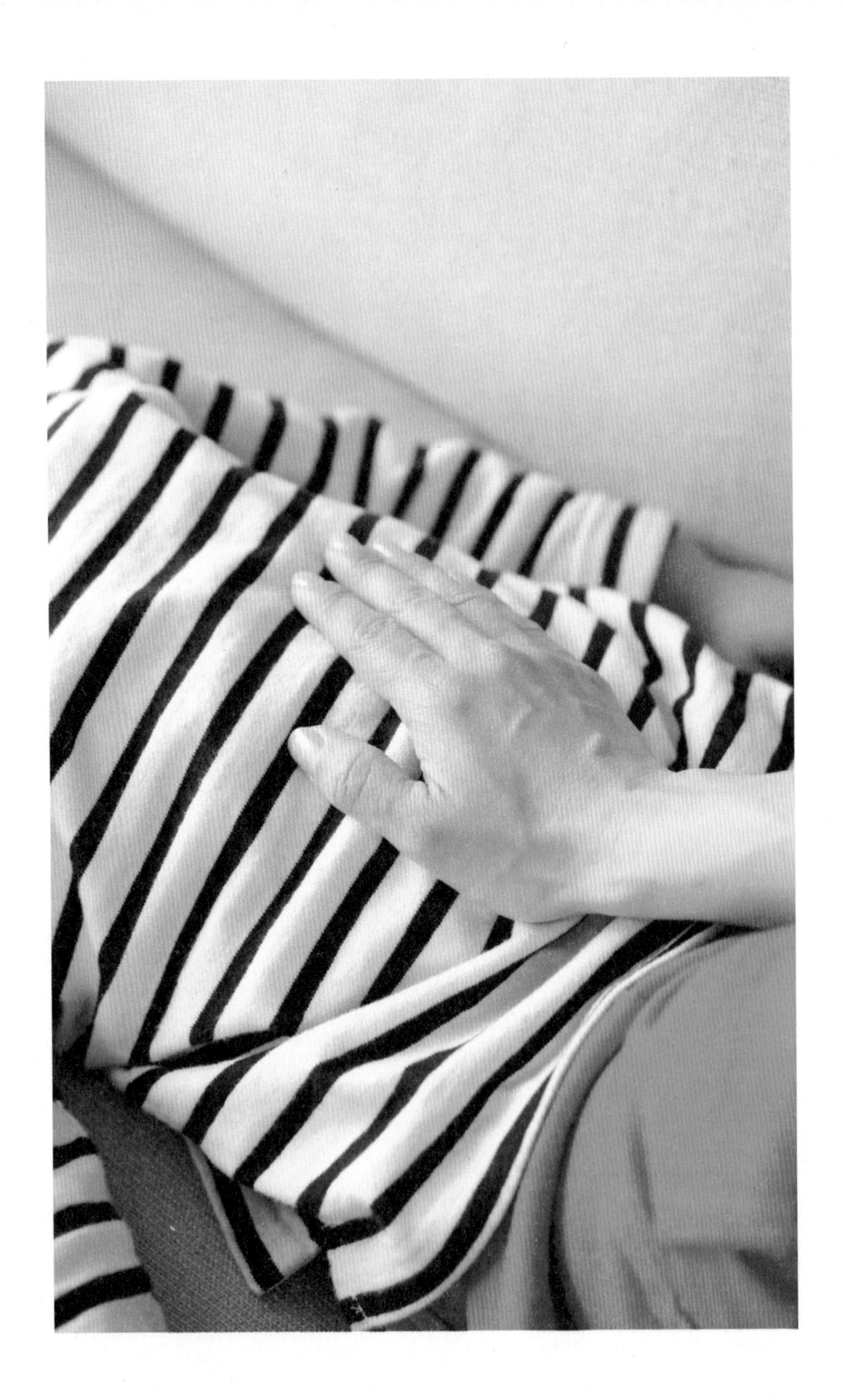

엄마 손은 약손

"아픈 데야 사라져라!" 이렇게 말하며 살살 문지르면 어딘가에 부딪혀 아픈 곳도 금방 사라집니다. 마찬가지로 머리나 배가 아프다며 엄마에게 안기는 아이를 편안히 안심시킨 뒤 가만히 기를 모아 손을 대고 있으면 정말로 낫는 경우가 있어요. 따뜻한 손의 체온 자체가 나를 소중하게 아끼고 있다는 것이기에 그 마음이 오롯이 전해져 아픔이 어느새 사라지는 게 아닐까 싶어요. 이때 엄마는 직감으로 예민하게 판단해야 합니다. 평상시와 다르게 상태가 이상하다고 느껴진다면 망설이지 말고 병원으로 달려가야겠지만 이 정도로 괜찮다 싶을 때는 집에서 상태를 지켜보며 보살피는 것이 오히려 아이의 체력 소모를 줄일 수 있어요.

원래 아이는 자주 열이 오르고 콧물이 나는 법이지요. 이것은 방어반응이기도 하고 균형이 무너진 몸을 바로잡기 위한 것이기에 오히려 건강하다는 증거입니다. 그러니 먼저 약으로 해결하려 하지 말고 상태를 보면서 제대로 대응하는 것이 중요해요. 그럴 때 부모는 당황하지 말고 평상시처럼 아이를 대하는 것이 좋습니다. 부모의 불안한 마음은 아이에게 그대로 전해져 나쁜 상태가 오래갈 수 있어요.

무엇보다 아이가 아플 때 신속하게 움직여 아이 상태에 맞게 처치하는 일이 중요해요. 부모의 따뜻한 보살핌을 받으며 자란 아이는 다른 사람에게도 자신이 받은 그대로 행동합니다. 힘이 없어 보이는 친구에게 위로의 말을 건넬 줄 아는 따뜻한 아이로 자라는 것이지요.

매일같이 반복되는 일상에 지쳐 진담 반 농담 반으로 야구선수처럼 2군으로 내려가 경기 일정을 조정하고 싶다고 가족에게 호소한 적이 있어요. 하지만 교체할 선수가 없다며 그 자리에서 거부당했습니다. 그럼 엄마의 하루 업무는 밤 아홉 시 반에 종료하겠으니 빨래거리, 숙제, 양치를 부탁하려거든 그 전에 하고 마무리 지어야 한다고 말했습니다. 아홉 시 반이 되면 엄마의 업무 시간은 끝납니다.
그렇게 엄마의 업무가 끝나면 엄마에서 온전히 나로 돌아와 남편이 내려주는 커피를 마시며 가벼운 대화를 나누기도 하고 뉴스를 보면서 편안하게 쉬기도 합니다. 주부나 엄마의 일은 끝이 없기 때문에 스스로 제한을 둘 필요가 있어요.

밀크 크리머로 만드는 카페 스타일 라떼 | 풍성한 우유 거품으로 카페 느낌이 나도록.
크리머 세트 CZ-1 | <하리오>

평일에는 일어나자마자 아침을 차립니다. 도시락을 싸고, 그릇을 씻고, 아이에게 갈아입힐 옷을 건네고, 빨래나 이불을 널고, 아이들을 통학버스에 태워주고, 쓰레기를 내놓고, 막내 아이 유치원 시간에 맞춰 준비를 하고…. 그런데도 저는 아직 파자마 차림이죠. 얼른 서둘러야 합니다.
하지만 그런 아침일수록 일단은 자신을 꾸며야 좋은 기운을 얻습니다. 세수 후 가볍게 화장하고 머리도 단정하게 정리하고 옷을 갈아입습니다. 그리고 집안일을 시작하고 볼일을 봅니다. 언제라도 외출할 준비가 되어 있으면 그것만으로 마음의 여유가 생겨요. 늘 하는 일이지만 순서를 바꾸는 것만으로 정신없는 아침을 좀 더 평온하게 보낼 수 있습니다.

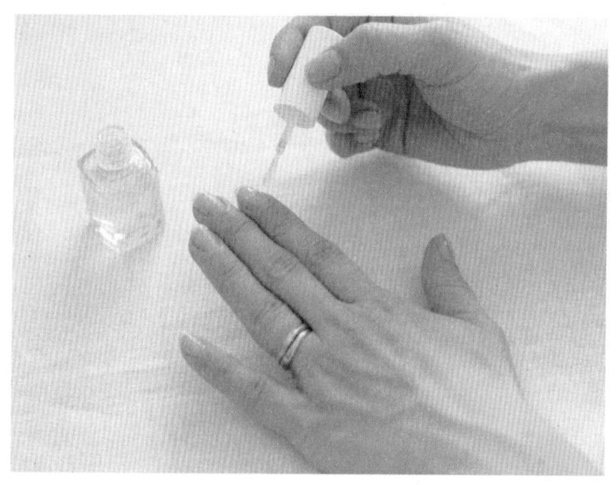

투명 매니큐어로 항상 윤이 나도록 | <미샤>나 <세리아>를 애용한다. 가격도 300엔 이하로 부담 없어 좋다. 투명해서 튀지 않고 손톱도 보호할 수 있다.

제4장

아이와 함께하기

아이는 지금을 살아가고 있기에 아직 일어나지 않은 미래를 지나치게 걱정하지 말고 지나간 과거도 후회하지 말고, 그저 '지금' '여기'에 있는 아이와 끝까지 마주보며 함께하고픈 바람이 있어요. 그때그때를 마음에 담아두지 말고 성실하게 해나간다면 결과가 어떻든 담담하게 받아들일 수 있지 않을까요. 아이는 부모의 말이 아니라 행동을 보며 성장합니다. 지금 뿌린 씨앗이 언제 싹을 틔울지 언제 꽃을 피울지 모르지만, 지금은 아이들과 추억을 쌓아갈 앞날을 생각하며 함께 앞으로 나아가고 싶어요.

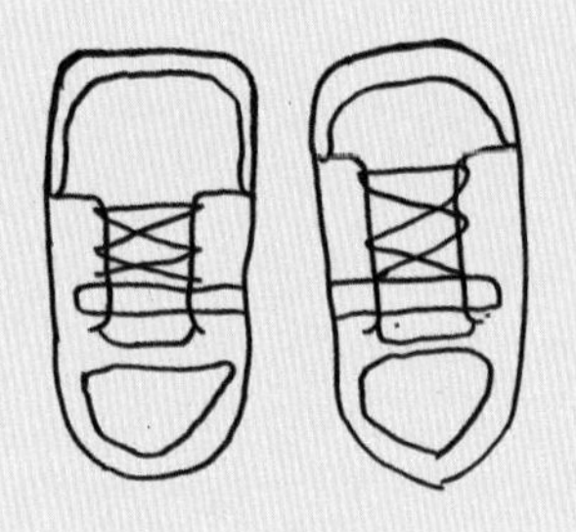

부모는 잠자리와 식사를 준비하며
아이의 성장을 지켜볼 뿐

어린아이에게는 먹고 자고 노는 것이 가장 중요한 일입니다. 매일 잘 먹고 푹 자고 신나게 놀면서 건강한 몸과 안정된 마음을 키운다면, 아이들은 자신들이 본래 가지고 있는 잠재력으로 얼마든지 성장해나가리라 믿어요.

아이와 함께 있으면 수많은 질문과 의문을 마주하게 됩니다. 하나하나 꼬치꼬치 질문해오는 아이에게 지칠 때도 있지만 세상에 대한 끊임없는 관심이 언어로 표현된 것임을 깨달아요. 아이들은 몸도 마음도 성장하고 싶은 욕구로 가득 차 있어요. 자기보다 손위에 있는 아이들을 좋아하고 그 아이들처럼 잘하려고 기를 쓰기도 하지요. 아이들은 그 존재 자체가 성장하고 싶어 하는 동물인 것 같아요.

그렇기 때문에 가족끼리 우애가 좋고, 집에 돌아왔을 때 나를 위한 따뜻한 잠자리와 정성스러운 식사가 준비되어 있다는, 그런 절대적인 안도감만 있으면 아이들은 자유롭게 성장해갈 수 있습니다. 그런 일상을 마련해주는 것만으로 육아의 절반은 성공했다고 생각합니다.

학창 시절 생물 시간에 생물은 방어와 성장이 동시에 일어나지 않는다고 배웠어요. 사람도 마찬가지입니다. 그래서 방어는 부모에게 맡기고, 하고 싶은 일을 마음껏 하면서 성장했으면 하는 바람입니다.

아이와 보내는 일상은 즐거울 때도 있지만 똑같은 일이 반복되다 보니 무의미하게 여겨질 때도 있어요. 하지만 그렇게 반복되는 일상이 사람을 성장시킵니다. 아기 때는 그 욕구에 한결같이 반응하는 것이 엄마의 일이지요. 엄마의 반응에 힘을 받으며 아이는 점점 다른 세계로 영역을 확장해나갑니다.

주변이 건강해야 아이가 행복합니다. 아이와 함께 보내다 보면 수많은 일이 일어나요. 그렇게 눈앞에서 잇달아 일어나는 일에 우리 엄마들은 진지하게 반응해야 합니다. 아이가 엄마를 보고 있기에 지금 이 순간순간을 성실하게 살아야 하는 것이지요.

오랫동안 교육 현장에 몸담아온 분이 이런 얘기를 했습니다. 육아보다 더 중요한 일이 있으면 알려달라고. 그 얘기를 듣고 아이와 함께 보내는 하루하루가 얼마나 소중한지 새삼 깨달았어요.

아이가 생기고 아무 탈 없이 출산하는 것 자체가 기적과도 같은 일이에요. 유산을 한 적이 있고 사산의 아픔을 경험한 친척도 있기에 무사히 태어나준 것만으로 감사하고, 건강하게 있어주는 것만으로 또 얼마나 감사한지 늘 마음에 새기고 있습니다.

1

2

3

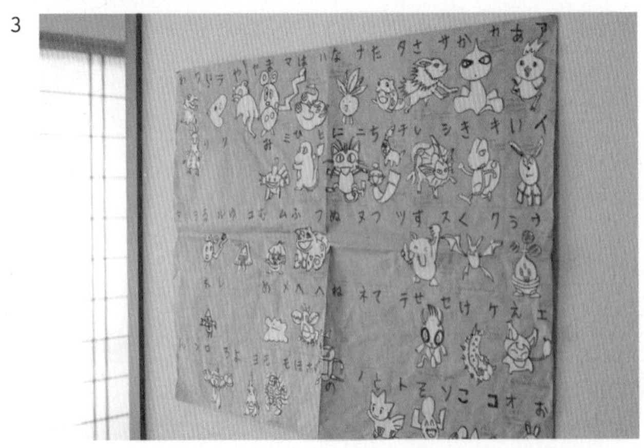

히구마네 육아 원칙

큰 원칙을 갖고 있으면 흔들림이 없습니다. 또 일관되게 행동하면 아이들도 불안해하지 않지요. 일상이 주는 힘은 무시할 수 없을 만큼 강합니다. 어렸을 때 몸에 익힌 습관은 어른이 되어서도 계속됩니다.

1 남과 비교하지 않는다

남과 비교당하면 불행해진다는 말을 듣곤 하는데, 아이의 경우에도 마찬가지입니다. 수유기, 유아기의 성장이 빠르고 늦고는 그다지 중요하지 않으며, 아이에게는 특별히 뛰어난 영역이 있고 또 그렇지 못한 영역이 있어요.
남의 아이뿐만 아니라 형제 사이에서도 비교하지 않습니다. 아이의 성격과 성장 속도는 저마다 다르기 때문에 초조해할 필요 없이 그 아이의 발달 속도와 개성을 인정하며 그 순간을 즐겁게 보내는 것이 아이와 부모 모두에게 바람직합니다.
정 비교할 일이 있으면 그 아이의 과거와 비교하면서 훨씬 좋아진 부분을 칭찬하고 함께 기뻐하면 된답니다.

2 결핍에서 배우도록 한다

원하는 것이 있을 때 얼른 줘버리면 부모도 편하겠지만 이유를 차근차근 설명하면서 참아보게 하는 것도 아이에게 좋은 교육이 됩니다. 저는 아이가 열 살이 될 때까지 게임기를 손에 쥐어주지 않았기 때문에 종이와 연필만 있으면 어디서든 몇 시간이고 재미있게 놀 줄 아는 아이가 되었어요.

3 성장 타이밍을 놓치지 않는다

흥미를 갖기 시작했을 때가 습득을 할 시기에요. 그때까지는 조바심 내지 말고, 건네주지 말고, 가르치지 않습니다. 아이를 잘 관찰하며 '이때다!' 싶을 때가 오거든 철저하게 행동을 같이 해요. 아이는 갑자기 능력을 발휘하는 존재지요. 기다려주는 것도 확실히 부모의 일입니다.

1

2

3

아이와 단둘이 데이트

세 아이에 엄마는 하나. 그러다 보니 아이에게 투자하는 시간과 노력은 3분의 1씩 할당됩니다. 양보다 질로 승부해야 하죠.
보통 때는 세 아이와 함께 시간을 보내며 아이들의 이야기를 듣거나 돌봐주지만 따로 일대일로 마주하며 보낼 시간을 만들려고 노력합니다. 개교기념일이나 대체휴일 같은 날은 엄마와의 특별한 데이트 시간을 갖습니다. 엄마와 둘이서 외출해 맛있는 식사를 하거나 함께 재미있는 일을 해요. 그리고 다른 형제들에게는 비밀로 하기로 약속하고 과자나 자그마한 문구용품을 사주기도 합니다.
사람은 자신에게 주목해 자신의 이야기에 귀 기울여주면 굉장히 흡족해합니다. 그렇게 한 명과 시간을 보내면 형제들 간에 싸움도 줄어들고 평화로운 나날이 이어집니다. 누군가가 나를 소중하게 생각하고 있다는 것을 느끼며 마음의 여유를 찾은 아이는 자기 세계에서 무엇이든 열심히 하려고 노력합니다. 엄마와 단둘이서 함께하는 시간이 아이에게 강한 에너지를 선사해요.

1 여전히 바깥놀이를 아주 좋아하는 막내 아이와 자전거를 타고 큰 공원까지 가서 즐거운 시간을 보낸다. 잎이나 나무 열매를 주우며 신나게 놀고 온 날은 마음이 흡족해서인지 잠도 잘 잔다.

2 아직 여자 친구가 없어서 데이트 얘기는 못 나누지만, 엄마와의 데이트에 척척 따라나서 주는 첫째 아들. 중학생이 되었어도 맛있는 거 먹으러 가자고 하면 흔쾌히 응해준다.

3 손으로 뭔가 하는 것을 아주 좋아하는 둘째 아들과는 차분하게 앉아, 만들기에 집중하며 시간을 보낸다. 재봉틀에 손바느질도 가르쳐줬는데 어느새 전문가 못지않다.

과제표, 계획표 만들기.

우리 집 큰아이도 정기시험을 봐야 하는 나이가 되었습니다. 계획을 세워서 공부하라고 말하기 전에 계획을 세운다는 행위를 처음부터 제대로 알려주어야 해요.
여름방학 숙제도 바로 체크할 수 있도록 표를 만들면 좋아요. 한 페이지에 세세하게 선을 그어 만들고 내용을 적은 뒤 과제를 끝냈으면 스티커를 붙이도록 합니다. 그렇게 하면 아이도 스티커를 붙이려고 열심히 숙제를 합니다. 게다가 방학이 끝날 무렵 아이에게 숙제했냐고 일일이 물어보지 않아도 돼요. 일목요연하게 표로 정리되어 있어 바로 확인할 수 있거든요.
이렇게 만든 계획표의 효과는 즉각 나타나기에 아이들과 계획표나 과제표를 만들어볼 것을 적극 권합니다.

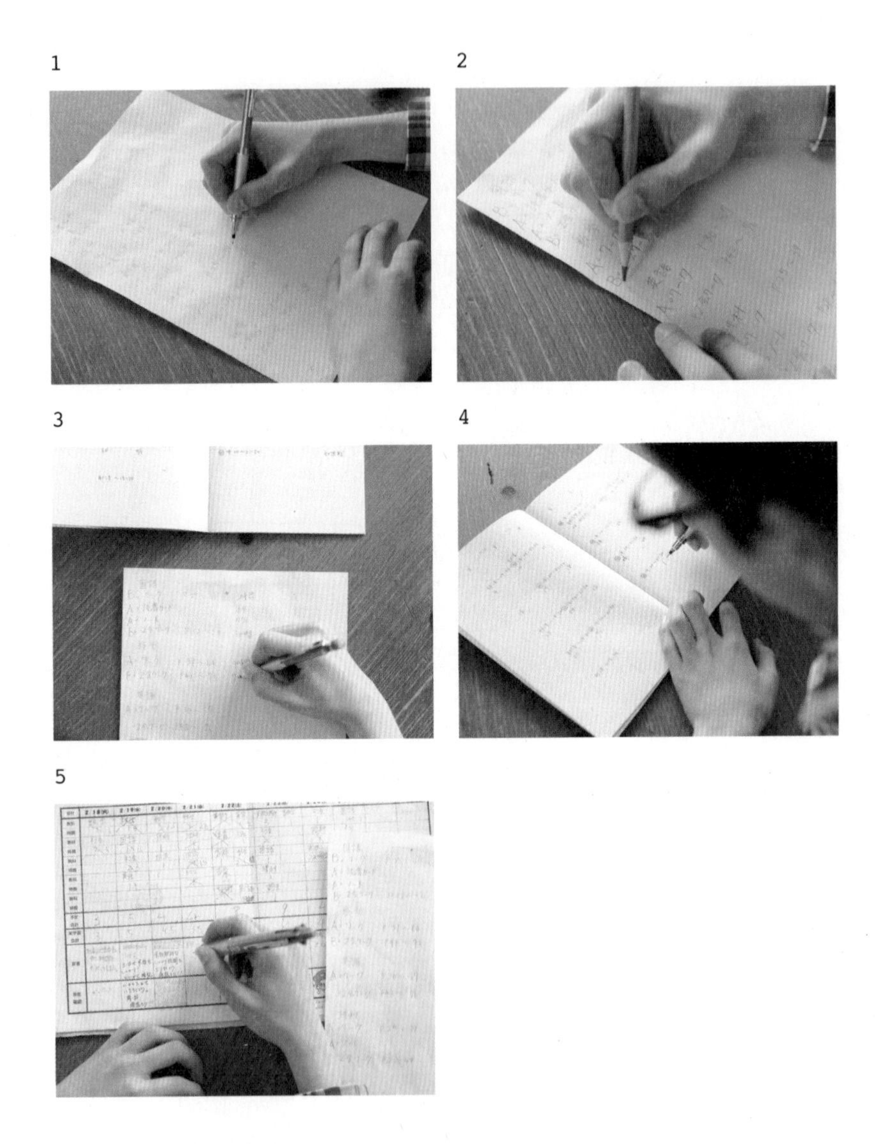
1
2
3
4
5

계획 5단계

1_ 할 일을 적는다

시험공부는 먼저 출제 범위를 파악하고 그것과 관련된 노트나 문제집의 범위를 표시해둔다. 교과별로 문제집의 항목과 제출물을 조항별로 적어두는 것도 좋다.

2_ 우선순위를 정한다

1에서 적은 항목에 대해 ABC로 순위를 매긴다. 컬러 펜으로 눈에 띄도록 한다. 제출물이 있는 경우는 그것을 최우선으로 A에 순위를 매긴다. 시간적인 여유가 있다면 할 일을 C까지 순서대로 매겨놓는다.

3_ 걸리는 시간을 계산한다

1에서 적은 항목에 대해 걸리는 시간을 대충 계산한다. 1시간, 30분 등, 항목 옆에 시간을 적어둔다.

4_ 할당 시간을 계산한다

학원이나 동아리 활동 등을 고려하면서 집에 돌아와 잠자리에 들 때까지 매일 어느 정도 공부할 시간이 있는지 계산해 계획표에 적어둔다. 시간이 그다지 없다는 사실을 알고 조금은 초조해하는 것도 괜찮다!

5_ 항목과 시간을 할당한다

해야 할 항목은 A에 있는 것부터 우선적으로 매일 할당한다. 이런 식으로 계획표 내용을 채우고 실제로 실천하면서 계획과 어긋났던 부분은 빨간색으로 정정해나간다. 나머지는 하나씩 하며 수정해나간다.

5
Happy Birthday

축하 파티

아이들은 축하 파티 때 엄마가 직접 음식을 만들어주기를 바라요. 그래서 직접 해줄 수 있는 동안에는 제대로 한상 차려주자 마음먹고 있어요. 가족이 항상 응원하고 늘 함께하고 있다는 사실을 알아주길 바라는 마음을 담아서요.

생일 이외에 학교 행사에서 열심히 활약하고 온 날에도 축하 파티를 엽니다. 맛있는 음식만큼 즉각적인 보상도 없지요. 정성을 다해 만든 요리를 가족이 맛있게, 즐겁게 먹는 모습을 보는 것만으로도 준비한 사람은 배가 불러요. 때로는 말보다 음식이 사람의 마음을 더욱 끈끈하게 이어주는 것 같아요.

아이는 마음으로 이어지는 존재입니다. 아이는 음식만 먹는 것이 아니라, 그 안에 담긴 엄마의 사랑까지 먹으며 자라요. 그래서 사랑은 전하고 또 전해도 절대 지나치지 않아요.

히구마네 축하 파티 앨범

절대적인 사랑을 받고 있는 사람은 오히려 엄마!
축하 파티는 아이들에 대한 고마움의 표현이에요.

天声人語
戦後の起伏を越え
倒れた友をしのぶ
2013・1・13
1/14
LIFE C152
計算の途中
問われている内
同様に
問われている内
どんな気持ち
どのようなことが
そのためにも問題文は
で囲もう!
文章の穴うめの問題
流れに合わせて書く
例:

일본 학교에서는 열 살이 되는 해에 '2분의 1 성인식'이라는 행사가 열려요. 부모들도 참여의 의미로 아이에게 편지를 쓰는데, 그것을 읽은 아이들은 부모가 자신을 이렇게 소중하게 생각하는지 몰랐다는 반응을 보이고, 부모들은 그런 반응에 오히려 깜짝 놀라곤 합니다.
자신의 생각을 자주 전달할 필요도 있고, 표현에 인색해서는 안 된다는 사실을 새삼 깨닫게 돼요.
하지만 아들들은 부모가 다가가기 힘든 시기에 접어들면 대놓고 지적하거나 제안했다가 오히려 기분을 상하게 만드는 일이 생깁니다. 그런 징후를 보일 때는 말보다는 글로 소통하는 것이 좋습니다. 공부를 가르칠 때도 부모와 자식 간에 서로 마음 상하며 끝나는 경우가 허다하기 때문에, 메모나 간단한 편지를 써 책상에 놓으며 차분하게 전달하려고 노력해요.

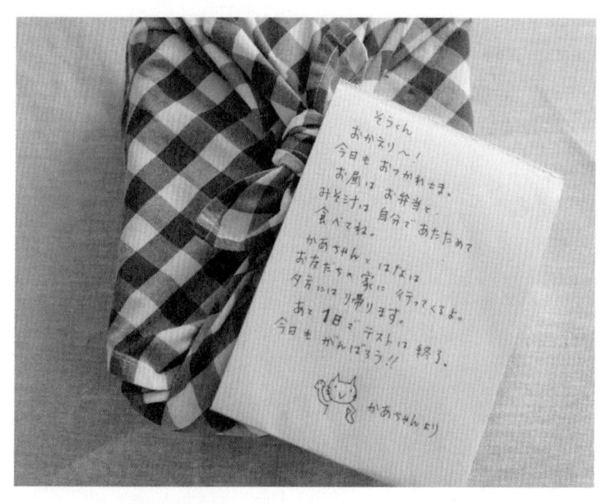

そうくん
おかえり〜!
今日も おつかれさま。
お昼は お弁当と
みそ汁は 自分で あたためて
食べてね。
かあちゃんと はなは
お友だちの家に 行ってくるよ。
夕方には 帰ります。
あと 1日で テストは 終了。
今日も がんばろう!!
かあちゃんより

도시락이나 숙제에 메모를 남긴다 | 혼자서 힘겹게 마친 숙제에 아이의 좋은 점을 칭찬하는 메모를 남긴다. 집 지키는 일을 부탁하는 메모에는 오늘 고생 많았다고 아이의 하루 일과를 토닥거리는 내용을 담는다.

1

2

ようくんへ

3

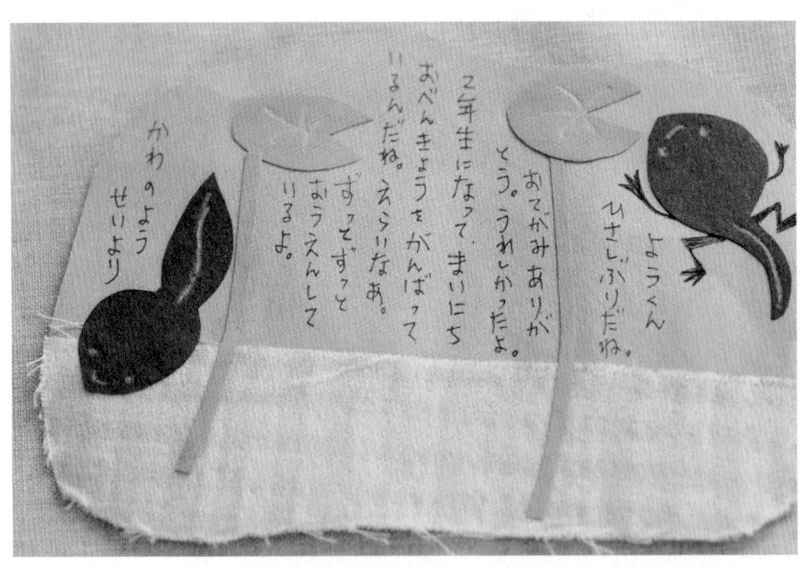
ようくん
ひさしぶりだね。
おてがみありが
とう。うれしかったよ。
2年生になって、まいにち
おべんきょうをがんばって
いるんだね。えらいなあ。
ずっとずっと
おうえんして
いるよ。
かわのよう
せりより

아이의 상상 세계를 공유하기

둘째 아들은 무엇이 계기가 되었는지 산타클로스처럼 요정의 존재도 믿고 있어요. 그날 있었던 일을 요정에게 말해주기도 하고 어느 때는 소원을 빌기도 한답니다. 무슨 일이 있을 때마다 편지를 쓰고 머리맡에 둔 채 잠이 들기 때문에 엄마는 어느새 요정이 되어 답장을 쓰게 됩니다. 어쩌면 아이보다 제가 편지 쓰는 일을 더 즐겼는지 모르겠어요.
동화 세계에 살고 있는 아이에게는 TV나 인터넷, 게임과 같은 자극적인 매체를 접하게 하는 대신 상상력을 키울 수 있는 공상의 세계를 충분히 즐기게 하는 편이 좋아요. 그렇게 마음껏 공상의 세계를 경험하고 그 안에서 자유롭게 모험을 즐긴다면 감성이 아주 풍부한 아이로 자랄 거예요.

1__ 둘째 아들이 요정에게 쓴 편지들. 숲속 요정이나 꽃의 요정 등, 편지를 쓰는 대상은 다양하다. 즐거운 마음으로 답장을 쓴다.

2__ 엄마가 요정이 되어 쓴 답장들. 둘째 아들이 아팠을 때는 그림책에 나오는 '뱀 간호사'를 등장시킨 적도 있다.

3__ '굉장하다, 훌륭해, 아주 잘했어.' 편지로 이렇게 많이 칭찬한다. 눈에 보이지 않지만 항상 응원하고 있는 엄마의 마음이 전해지도록.

말의 힘

일본에는 예로부터 '언령신앙' 즉, 말에 영혼이 깃들어 있어 불가사의한 힘이 나온다는 믿음이 있습니다. 말에 힘이 있어 입 밖으로 나온 말은 반드시 실현된다는 믿음이지요.

저도 말의 힘을 믿어요. 조심히 다녀오라는 말을 건네며 배웅하면 그 말이 지켜줄 것만 같은 느낌이 들어요. 그래서 가족을 배웅할 때에는 늘 그렇게 말을 건넨다.

그리고 어린아이를 위해서 매일 밤 기도를 합니다. "오늘도 즐겁게 보냈습니다. 내일도 건강하게 보내겠습니다. 고맙습니다." 이렇게 매일 밤 아이의 사진 액자에 손을 얹으며 아무 탈 없이 오늘 하루를 보냈음에 감사하고 또 아무 탈 없이 보낼 내일을 위해 미리 감사의 기도를 합니다. 엄마의 기도를 순수하게 받아들인 아이는 내일도 즐겁게, 건강하게 생활할 거예요.

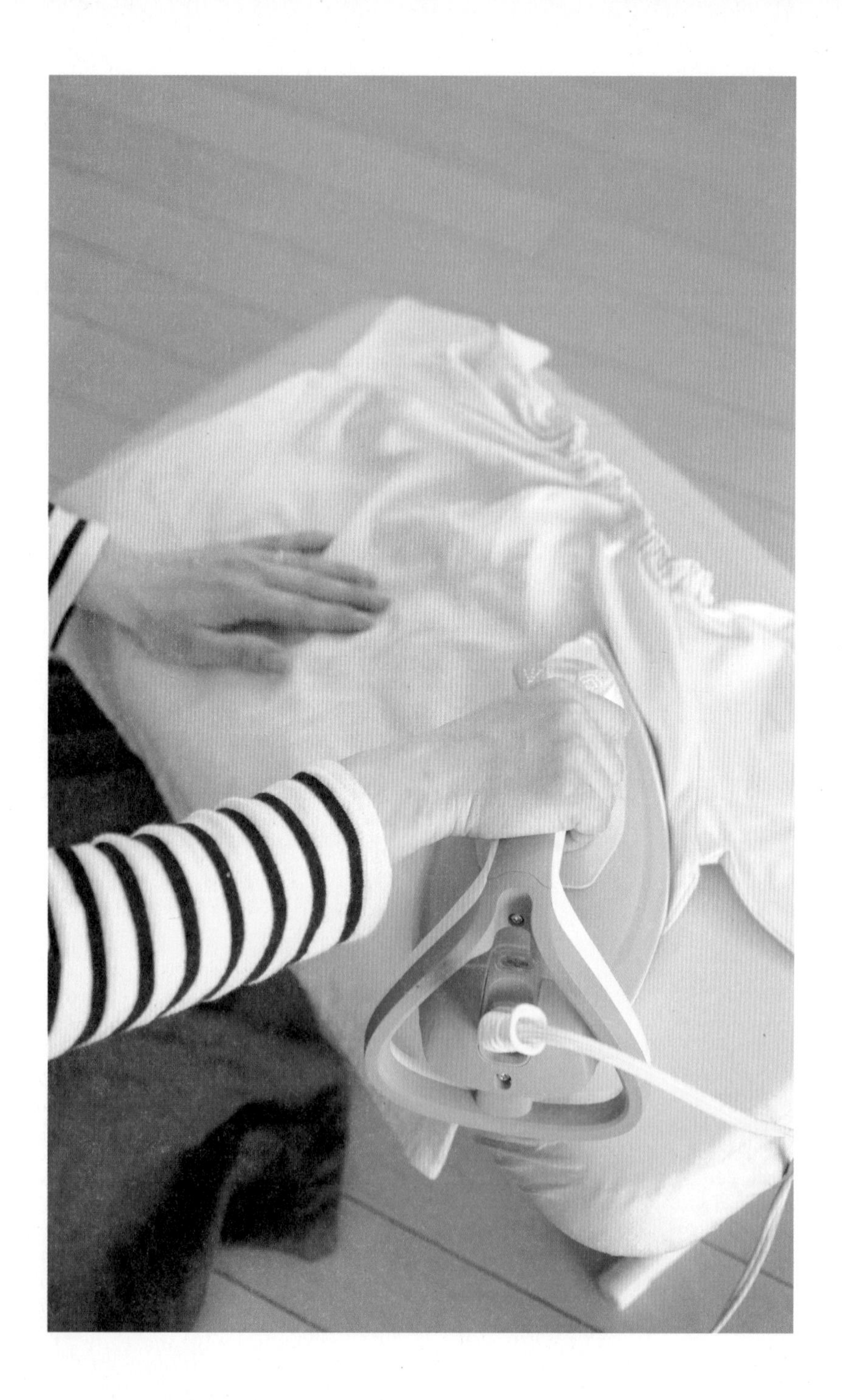

생각의 힘

"젖먹이에게서는 피부를 떼지 말고 유아에게서는 손을 떼지 말고 소년에게서는 눈을 떼지 말고 청년에게서는 마음을 떼지 말라."는 말이 있어요. 아이가 어렸을 때는 어디를 가든 부모와 함께이지만 학교에 들어갈 무렵부터는 아이에게도 아이의 세계와 시간이 생깁니다. 다시 말하면 부모가 아이를 100% 지켜줄 수 없다는 얘기이기도 해요.

주말마다 유치원 원복과 중학교 교복을 다릴 때, 늘 지켜줘서 고맙다고, 다음 주도 잘 부탁한다고 마음속으로 기도합니다. 아이들이 걸치는 옷의 주름이 말끔히 펴질 때 엄마의 마음도 옷에 깃들어 가요. 그것이 든든한 울타리가 되어 위험하고 나쁜 것들로부터 아이들을 지켜줄 것이라는 믿음이 생깁니다.

책을 좋아하는 아이로 키우려면 부모가 먼저 책을 읽어라

아이는 재미있어 보이는 것을 따라하려고 합니다. 부모가 열중해서 책을 읽으면 아이도 당연히 읽고 싶어지는 법. 아이가 어렸을 때는 자주 책을 읽어주었어요. 읽는 동안은 질문도 하지 않았고, 느낌도 물어보지 않았지요. 분명 아이는 책 속에 빠져 모험을 하고 있을 터이기에 방해하고 싶지 않았어요.
어느 학원 선생님은, 책은 다양한 생각과 세상을 알려주고 세계를 더욱 확장해나가게 해준다며 평소에 책을 많이 읽는 아이는 틀림없이 공부도 아주 잘할 것이라고 확신했습니다. 혼자 이해해나간다는 면에서 독서와 공부는 결국 같은 성질의 것이라는 이야기입니다.
아이에게 책을 읽으라고 재촉하는 그 시간에, 부모가 솔선해서 읽는 것. 이런 집안 분위기가 무엇보다 중요해요.

1

2

1 _ 도서관을 적극 활용하기

아이들이 아기였을 때는 매주 책 읽어주는 모임에 빠지지 않고 나갔다. 소설이든 그림책이든 실용서든, 마음에 드는 책이 있으면 바로 인터넷으로 예약해 빌리고, 정말로 소장하고 싶은 책만 구입한다.

2 _ 신문을 통해 활자와 친해지기

신문은 계속 구독하고 있다. 모든 정보를 접할 수 있는 신문은 지식의 보고! 인터넷은 자기가 알고 싶은 정보만 선택해 보게 되는 경향이 있다. 부모도 사회에 관심을 가지고 신문과 친해지는 것이 좋다. TV를 끄는 것만으로 시간은 충분하다.

자기가 있을 곳은 자신이 만든다

무기력하게 집에 틀어박혀 있는 아이들은 하나같이 바깥세상에 자신의 자리는 없다고 말해요. 그 아이들에게 냉정하게 들릴지 모르겠지만 그것은 당연하지요. 서로 돕고 감사하는 마음이 있어야 비로소 자신에게도 머물 장소가 생기는 법입니다. 그리고 정말로 도움이 되었는지 아닌지는 상대방이 결정할 일입니다. 그만큼 상대방에게 관심을 갖고 배려하는 마음을 갖는 것이 아주 중요합니다.
아이들은 앞으로 자립해서 사회에 진출해야 하지요. 이는 더 이상 부모의 보호를 받을 수 없게 된다는 의미입니다. 사람을 만나면 제대로 인사를 하고 사회의 룰을 지키고 상대방에게 도움이 될 수 있는지, 다시 말해 사회 구성원으로서 제 역할을 잘 할 수 있는지가 중요해집니다.
그 예행연습은 집에서 이루어집니다. 집안일을 돕는 것이 그 첫걸음이에요. 집안일을 도우며 가족의 일원으로서 역할을 다하고 있다면 자신감과 자존감도 싹트게 됩니다. 사실 시간, 속도, 질적인 측면에서 볼 때 아이들이 돕는 것보다 부모가 혼자서 해버리는 편이 오히려 편하지요. 그렇다고 아이들을 마냥 내버려두면 그만큼 자립하기 힘들어집니다. 지금은 성가실지 몰라도 나중에는 분명히 편해질 것이고, 아이들에게 집안일을 시키는 것에는 장점이 많습니다.
편하게 식사를 할 수 있는 것은 누군가가 정성스럽게 만들었기 때문이고, 깨끗한 집도 누군가가 말끔하게 정리정돈을 했기 때문이라는 사실을 깨닫고, 자신도 그 일을 직접 해보면서 그 누군가가 얼마나 힘들었을지 진심으로 느껴야 감사하는 마음도 생깁니다. 그렇게 아이들에게도 집에서 해야 할 일을 맡겨 자기가 머무를 장소 정도는 자신이 만들도록 해야 해요. 내가 여기에 있을 자격이 된다는 자신감은 단순히 얌전하고 착한 아이로 있다고 해서 얻을 수 있는 것이 아닙니다. 아이를 생활적인 측면에서 자립시켜 어디에 있든 스스로 헤쳐 나갈 수 있는 힘을 키워주는 것, 이 역시 부모가 해야 할 중요한 일이에요.

1

2

3

4

아이의 집안일 리스트

1 욕실 청소

욕실의 욕조 청소는 이틀에 한 번, 첫째와 둘째가 돌아가며 한다. 보통 뜨거운 물을 틀어 아크릴 수세미로 닦는다. 세제를 사용하지 않아도 깨끗하게 닦인다.

2 빨래 정리

빨래를 걷어 개고 넣는 일까지 돕는다. 아이들에게는 수납 카운슬러인 곤도 마리에 씨의 수납 기술도 전수. 몸소 실천하면서 몸에 익히도록 했다.

3 그릇 닦기

네 살짜리 딸아이에게는 설거지한 그릇을 행주로 닦아내는 일을 돕도록 했다. 왜건에서 마른 행주를 꺼내 하나하나 깨끗하게 닦는다. 최근에는 그릇을 수납하는 곳도 대부분 파악했다. 집안일 리스트를 만들어 맡은 일을 다 했으면 스티커를 붙여준다.

4 요리 돕기

요리를 좋아하는 아이에게는 칼이나 불 등, 다소 위험한 것까지 적극적으로 사용해보게 한다. 쌀 씻기, 재료를 잘라 볶기, 그리고 된장국 끓이기도 부탁한다. 다음에는 식단을 짜고 뒷정리까지 하는 법까지 가르칠 생각이다.

아이들과 함께 걷기

아이들에게 동물원, 테마파크, 여행만이 이벤트는 아니에요. 가족과 함께 거리를 걷고, 평상시 전철을 타고 다니던 길을 걸어보는 것, 그저 그것만으로도 다양한 발견을 할 수 있는 이벤트랍니다. 그렇게 함께 걷는 동안 아이들과 많은 얘기도 나눌 수 있어요. 중간에 밥도 먹고 간식도 먹으며 내가 살고 있는 곳을 재발견할 수 있기에 아이들과 걷는 시간을 자주 갖습니다.

아이들의 체력이 저하되고 있는 요즘, 체력을 키우기 위해서도 많이 걷는 게 좋아요. 걷는 동안 뇌도 발달하고, 걷는 것 자체가 앞을 향해 전진하는 것이기에 몸의 움직임에 따라 성격도 사고방식도 긍정적인 영향을 받지 않을까 싶습니다. 또한 체력이 좋아지면 끈기, 집중력, 기력도 확실히 좋아집니다.

히구마네 산책 앨범

가끔 가족과 함께 그냥 걸어보자! 걸을 때만 볼 수 있는 풍경들이 분명히 있다. | 도쿄에서 계속 살고 있으면서도 사실 모르는 곳이 아주 많아요. 국회의사당, 도쿄타워, 아사쿠사, 시바마타 등, 도쿄를 새삼 관광하는 것이 즐겁고, 지금도 공원이나 정원을 구석구석 탐색한다는 마음으로 다니고 있어요. 칠복신에 참배할 수 있는 코스도 많이 있어 야마노테선을 5일 동안 걸어서 일주한 적도 있습니다. 굉장히 즐거운 시간이었어요.

시타마치 바로 뒤쪽으로 근대 건물들이 늘어서 있다는 사실, 언덕 위아래의 거리 분위기가 확실히 다르다는 사실을 새삼 알게 되었고, 운하의 교차점도 새롭게 발견했지요. 너무 걸어 지칠 때쯤엔 수상버스를 타는 것도 권합니다.

식사는 집에서 싸 온 도시락으로 해결하기도 하고 근처 맛집에서 먹기도 해요. 간식으로 찹쌀떡이나 풀빵 등, 미리 조사해놓은 그 지역의 먹거리를 맛보는 것도 큰 즐거움입니다.

1

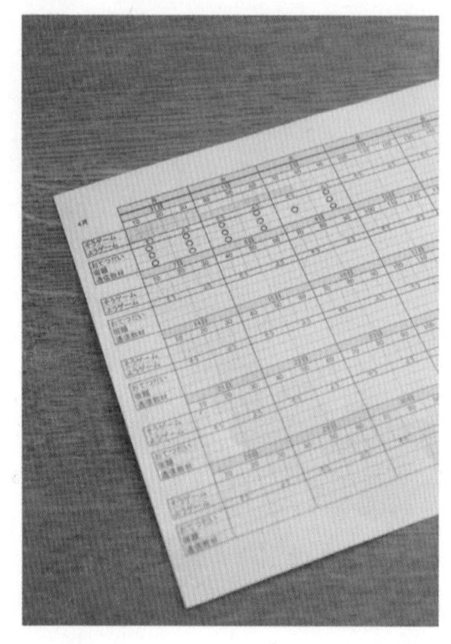

2

3

4

1 게임의 원칙

게임기 사용 원칙을 전달했다. 게임은 집안일, 숙제, 인터넷 강의가 끝난 뒤에 하는 것이 원칙. 일주일간 게임기 사용 시간은 30분×7일로 총 세 시간 반이고, 표를 만들어 관리한다. 원칙을 지키지 않을 경우 게임기를 버린다는 단호한 태도도 필요하다. 덕분에 게임중독에 빠진다거나 일일이 공부하라는 잔소리를 하는 일이 없다.

2 쓰레기 줍는 날

쓰레기를 주우라고 잔소리하는 대신 함께 거리로 나가 쓰레기를 줍는다. 직접 하고 안 하고는 큰 차이가 있다. 누군가에게 칭찬을 받지 않더라도, 보는 이가 없더라도 올바른 일을 하는 것. 그렇게 길거리의 쓰레기를 줍는 사람은 절대로 아무데나 쓰레기를 버리지 않는다.

3 특별하지 않은 날을 위한 도시락

어린아이와 외식이라도 할라치면 소란스럽게 굴지는 않을까, 더럽히지는 않을까, 남의 시선을 의식하지 않을 수 없기에 당분간은 자제하기로 했다. 그 대신 도시락을 싼다! 공원이나 광장에 가도 도시락만 있으면 소풍 온 기분이 든다. 아침 준비하면서 만들면 되니까 부담 없고 특별히 외출할 일이 없는 날에도 도시락을 만들어 집에서 먹으면 색다른 분위기가 난다.

4 가족 모두가 허락한 가출의 날!

엄마들 사이에서 가출 이야기가 나오면 다들 집을 나오고 싶다는 심경을 토로한다. 그렇다면 참다 참다 폭발하기 전에 가족에게 당당히 선언하고 실행에 옮기면 되지 않을까? 가족의 고마움을 생각하며 혼자서 느긋하게 시간을 보내거나 친구들과 만나 수다를 떨며 기분전환 하는 것도 좋다. 남의 도움 없이 혼자서 아이를 키우는 주부에게 '가출의 날'이라는 이름의 휴일도 필요하다.

위쪽 것은 큰아들에게 만들어준 그림책. 아이에게 받은 그림책에는 남편과 내가 결혼해 다섯 가족이 되기까지의 이야기가 담겨 있다. 소소하지만 행복으로 가득 차 있다.

육아는 장기전

사람들은 육아를 누구나 하는 당연한 일로 여깁니다. 육아는 보통 남들에게 칭찬을 받거나 좋은 평가를 받는 일이 드물지요. 하지만 가끔씩 아이들에게 커다란 포상을 받을 때가 있습니다.

큰아들이 열 살이었을 때 학교에서 '어른이 된다는 것은 어떤 것일까?'라는 주제로 글을 썼는데, 이렇게 발표했어요. "어른이 된다는 것은 타인을 신뢰하고 타인으로부터 신뢰를 받는 것이다."

말하지 않아도 사람에게 신뢰를 갖고 행동해온 날들이 아이에게 잘 전달되었다는 생각에 아주 흐뭇했고 아이가 대견스러웠어요. 또 제 생일에 그림책을 만들어준 적이 있었는데, 그것은 10년 전 엄마가 만들어준 그림책에 대한 보답이라고 했지요. 그때 뿌린 씨앗이 아이들 안에서 잘 자라 10년 후 이렇게 꽃을 피웠습니다. 아이들에게 전해준 것들이 언젠가 나 자신에게 돌아온다는 사실을 깨닫게 된 날이었어요.

아이와의 생활에서 효율이나, 비용 대비 기대할 수 있는 효과, 즉각적인 결과와 같은 자본주의적 사고방식은 전혀 통용되지 않습니다. 아이들은 3분 걸리는 거리를 28분에 걸쳐 걷는 사람들입니다. 하지만 어른들에게는 언뜻 쓸데없어 보이는 행동이 그들 안에서 어떤 형태로 변하며 자라게 될지 모르는 일이에요.

지금 하고 있는 육아의 결과는 바로 나타나지 않습니다. 육아는 10년, 20년 앞을 내다봐야 하는 장대한 계획이지요. 그렇기에 아이들과 함께 보내는 날들이 그 나름대로 괜찮을 거라고 믿으며 지내는 수밖에 없어요. 생명을 책임지고 설사 보상이 없다 하더라도 한결같이 마음을 전하며 세상에 내보낼 준비를 하는 일. 그런 육아라는 일은, 흔히 말하는 세상의 일과 전혀 다른 대극점에 존재한다는 사실을 뼈저리게 느낍니다.

제5장

만들기

제게는 중학교에 입학했을 때 선물로 받은 재봉틀이 있습니다. 아이가 태어나고 나서 이 재봉틀이 다시 대활약을 하고 있어요. 시간이 나면 재봉틀을 돌려요. 아이가 입을 옷이나 가지고 놀 장난감은 아주 작기 때문에 금방 만들 수 있답니다. 아이와 함께 만들며 즐거운 시간을 보내기도 해요. 비가 오면 밖에 나가 놀지 못하기 때문에 대신 집에서 소품을 만들거나 그림책을 만들어요. 아이가 만든 것은 깜찍하고 재미있어 보고 있노라면, 귀찮고 성가셨던 날도 괜히 기분이 좋아져요. 아이를 위해 만들든 아이와 함께 만들든 그 시간은 행복합니다.

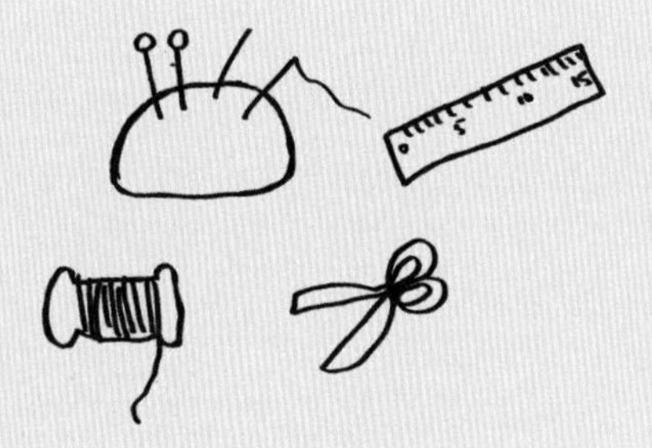

만드는 일이 취미

저는 무언가를 만드는 것을 좋아합니다. 머릿속에 그려놓았던 것이 구체적인 형태로 변하는 과정이 즐거워요. 직접 만들면 성과가 눈에 보이기 때문에 흐뭇해요. 이것이 스트레스 해소법이기도 합니다.
길거리를 거닐다 멋진 것을 발견하면 나도 만들어보고 싶다는 생각을 먼저 해요. 그리고 만들 수 있을 것 같으면 수상한 손님으로 변해 상품을 뚫어지게 관찰한 뒤 집에서 재현해봅니다. 직접 만들면 돈이 훨씬 적게 드는 점도 매력이에요.
딸아이가 태어나면서 여자아이 옷에도 관심을 갖게 되었어요. 아이 옷은 크기가 작기 때문에 그 자체로 정말 깜찍합니다. 부모와 아이가 커플룩으로 입을 날도 고대하고 있어요.
하지만 아이가 있는데 언제 만드느냐는 질문을 종종 받아요. 갓난쟁이일 때는 아이가 낮잠 잘 때 만들었고 조금 자랐을 때는 아이 옆에서 만들었습니다. 위험한 물건이나 만지면 안 되는 물건에 대해서는 아이에게 찬찬히 설명하면 대부분 알아들었으니까요. 게다가 엄마가 만들고 있는 물건이 자기 거라는 사실을 알게 되면 아이도 싱글벙글하며 제 옆으로 와 구경합니다. 그림책이나 소품 같은 경우 아이와 함께 만들면 그 시간이 더 즐거워져요. 아이가 있다고 취미를 포기하는 것은 아까운 일이에요.

히구마네 핸드메이드 앨범

아이와 함께 즐기는 핸드메이드.
마스코트 같은 것은 이제 아이가 훨씬 잘 만든다.

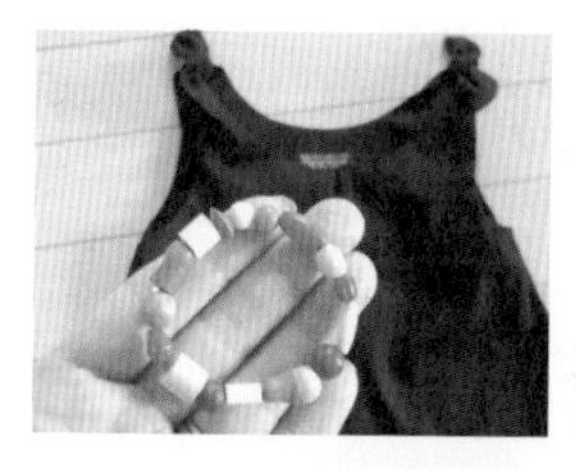

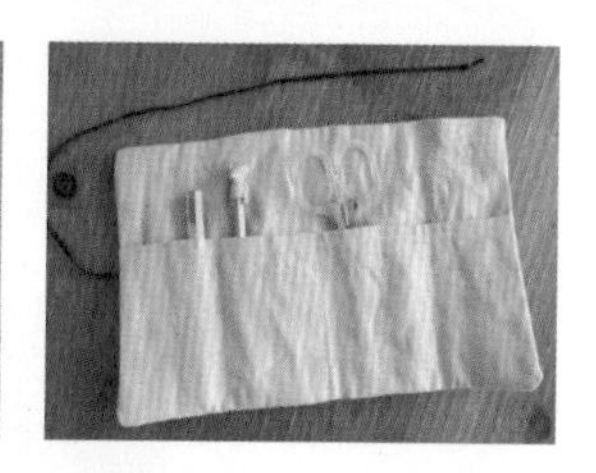

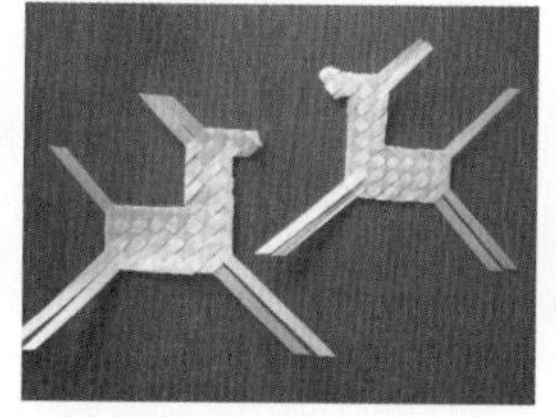

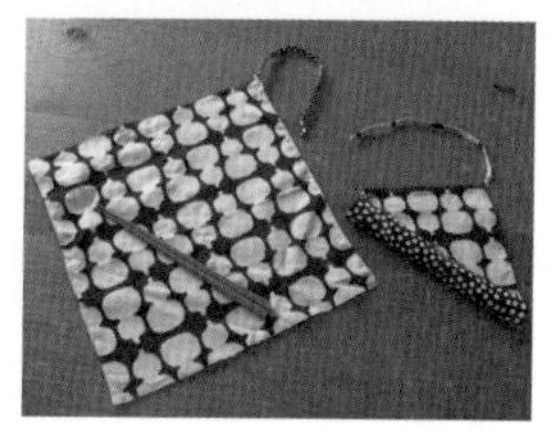

1

2

3

아이 장난감도 OK!

처음 장난감을 만든 것은 둘째를 출산하기 전이에요. 엄마가 입원을 하더라도 혼자 외롭지 않게 해주려고, 큰아이가 가장 좋아하는 기차 장난감을 함께 만들었어요. 이름은 붕붕 타운! 적당한 크기의 상자를 펼쳐 선로와 도로를 그린 뒤 두꺼운 종이나 도화지를 이용해 기차역과 가게, 집을 만들었습니다. 제가 입원 중일 때도 산후조리 중일 때도 큰아이는 늘 그것을 갖고 놀았다고 해요.
이후의 히트작은 소꿉놀이 주방. 늘 엄마 껌딱지였던 딸아이와 함께 했는데, 선반과 서랍을 붙이고 작은 볼을 끼워 넣어 싱크대도 만들었어요. 주방 세트를 만드는 데 필요한 재료는 100엔 숍에서 저렴하게 구매했어요. 싱크볼뿐만 아니라 작은 크기의 냄비, 거품기, 국자는 소꿉놀이 도구에도 아주 안성맞춤이랍니다.

1__ 상자 두 개를 쌓고 옆과 뒤 벽을 만들어 테이프로 붙이면 완성! 장난감 칼이나 주걱 등도 수납 가능.

2__ 낚시 장난감은 클립을 끼운 물고기를 자석으로 낚는 방식.

3__ 통 모양으로 꿰매 고무줄을 끼운 치마와 커다란 리본이 세트인 인형 옷. 거울 달린 콤팩트와 스틱은 남편 작품.

메모장에 그린 그림을 컴퓨터에 옮겨
편집한 뒤 프린트한 그림책.

책 만들기

어느 동화작가가 이런 말을 했어요. "TV, 컴퓨터, 휴대전화가 보급되었어도 그림책의 형태는 앞으로 100년이 지나도 변하지 않을 것이다. 아이가 빨아도 밟아도 심하게 훼손되지 않고 함께 잠도 잘 수 있다. 그런 그림책은 아이에게 가장 잘 맞는, 최고의 형태다."
저는 아이와 함께 그림책을 자주 만들어요. 이야기를 만들고 밑그림을 그린 뒤 색칠해 제본을 뜨는 모든 과정을 생각하면 막막하게 느껴질지 모르지만, 해보면 그렇게 어렵지 않아요.
'비 오는 날의 OO' 이렇게 아이의 이름을 넣어 제목을 만들고 그날 접은 종이접기를 붙여 제본하면 세상에 단 하나밖에 없는 그림책이 완성됩니다. 그러니 너무 부담 갖지 말고 아이와 함께 꼭 만들어보세요!

1

2

3

1 __ 도화지 여러 장을 반으로 접고 접힌 선 위아래를 삼각으로 잘라낸 뒤 끈이나 고무줄로 고정해 만든 그림책.

2 __ 아이의 그림을 색도화지에 붙이고 스테이플러로 고정해 만든 공상 생물도감책.

3 __ 주운 낙엽을 목공풀로 붙이고 스테이플러로 고정해 만든 그림책. 낙엽에 눈과 입도 그려 넣었다.

유치원 용품은 색깔을 맞추어서

유치원에 따라 준비해야 할 용품이 다양합니다. 엄마가 직접 만들어달라는 이야기를 들으면 저는 아주 열성적으로 만들어요. 쓸 사람은 아이지만 만드는 사람의 특권으로 제 취향에 맞는 천을 선택해 즐겁게 만들죠.
딸아이 것은 무지나 물방울무늬의 삼베를 쓰고 손잡이나 안감에는 빨간 천을 대어요. 매일 사용하는 물건이기에 튼튼하면서 세탁이 쉽도록 신경 쓰고 있어요.
원아들 중에는 아직 글씨를 못 읽는 아이도 많기 때문에 한 번 보고 바로 자기 물건이라는 것을 알 수 있게 마크나 색깔을 넣어주면 좋아요. 이시가와 유미의 「아이가 매일 쓰는 물건」이라는 책이 많은 도움이 되었습니다.

1

2

아이 옷과 어른 옷

딸이 태어난 뒤 갑자기 옷 만드는 일에 재미가 붙었어요. 워낙 여자아이 옷이 예쁜데다 치마나 원피스는 간단하게 만들 수도 있기 때문인 것 같아요. 아이 옷 만드는 데 주로 참고하고 있는 책이 이토 마사코의 「고하루의 옷」, 「소녀의 옷」. 마사코의 책에는 심플하고 간단한 레시피가 수록되어 있어요. 중학교 가정 시간에 배운 재단 실력이 전부인 저도 반나절이면 만들 수 있어요.

딸아이 물건은 작기 때문에 어른 옷을 만들고 남은 천으로 만들 수 있어요. 천 1미터만 있으면 아이 원피스와 제 손수건을 만들 수 있어 엄마와 아이가 소소하게 커플룩을 연출하는 즐거움을 맛볼 수 있답니다.

1__ 자잘한 장미 꽃 무늬 옷감으로 아이의 벌룬 스커트와 내 블라우스를 만들었다. 세련된 아이 옷이 그다지 없기 때문에 간단한 것은 만들어 입힌다.

2__ 평소 아주 좋아하는 물방울무늬 울 직물로 엄마와 아이의 가방을 만들었다. 여자아이들은 가방을 좋아한다. 세상에서 제일 좋아하는 엄마랑 세트면 더 신이 나서 매일 들고 다닌다.

바느질 레시피

직선 박기

쿠션커버

마음에 드는 천으로 쿠션커버도 만들 수 있어요. 커버만 바꾸어도 집안 분위기가 확 달라져요.

완성된 사이즈

40×40cm

재료

천: 45×95cm

※ 집에 있는 정사각형 쿠션의 사이즈에 맞춰 (세로+5cm)×(가로×2+15cm)로 자른다.

만드는 법

① 세로 두 변을 1cm 폭으로 3번 접어 박는다.

② 그림과 같이 접는다.

③ 두꺼운 천이면 끄트머리에서 1.5cm, 보통 천이면 2cm 부분을 꿰매고 바깥으로 뒤집으면 완성.

※ 풀릴 것이 걱정된다면 지그재그로 박음질한다.

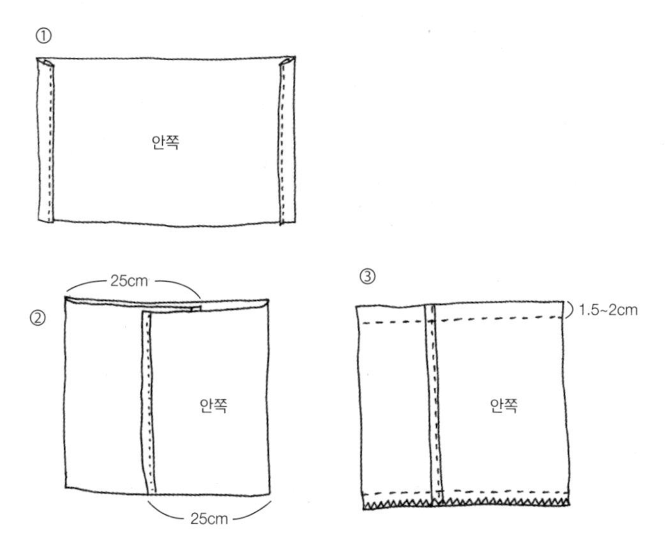

오재미

옷을 만들고 남은 천으로 오재미를 만들어보세요. 소꿉놀이하거나 오재미 집어넣기 놀이도 할 수 있는 만능 놀잇감이에요.

완성된 사이즈
약 7×6cm

재료
천: 11×18cm
펠릿(또는 팥 등): 40g

만드는 법

① 천에 9×16cm의 선을 긋고(판지로 종이 본을 만들어 두면 편리) 1cm의 시접을 주고 재단한다.
② 반으로 접고 가장자리를 박는다.
③ 윗부분을 둥글게 홈질(주의: 바깥쪽과 안쪽의 바늘땀을 가지런하고 촘촘하게 꿰맬 것)하고 실을 잡아당겨 오그린 뒤 매듭을 짓는다.
④ 뒤집어 윗부분을 다시 홈질하고 펠릿을 넣은 뒤 시접이 안쪽으로 들어가도록 오므린 뒤 매듭을 지어 주면 완성.

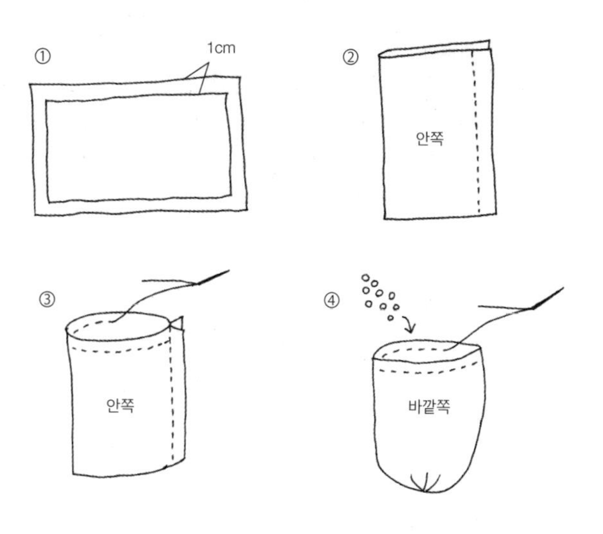

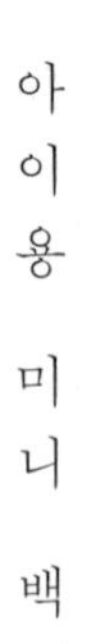
아이용 미니 백

어린아이, 특히 여자아이들은 가방을 아주 좋아해요. 큰 것과 작은 것을 만들어 엄마와 함께 들고 다니면 아주 깜찍합니다.

완성된 사이즈

약 24×16×덧댈 천 10cm

재료

울 직물 등: 27×45cm(몸체), 25×18cm(손잡이)

안감: 27×45cm

만드는 법

① 몸체와 안감을 각각 반으로 접고 1cm 시접을 주고 가장자리를 박는다. 바닥의 덧댈 천도 박는다.

② 손잡이 부분은 겉쪽이 서로 마주보도록 접어 박은 뒤 뒤집어 중심에 스티치를 준다.

③ 몸체 바깥쪽에 손잡이를 단다.

④ 안감을 바깥쪽이 보이도록 뒤집어 안감의 바깥쪽과 몸체의 바깥쪽이 서로 마주하도록 한 뒤 둘레를 박는다.

⑤ 바깥으로 뒤집고 뒤집었던 구멍을 손바느질로 꿰맨다.

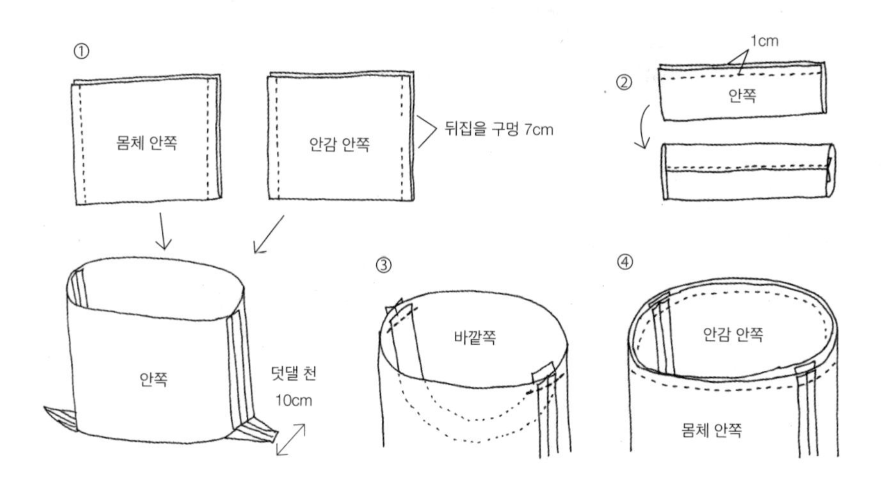

벌룬 스커트

여자아이에게 아주 잘 어울리는 벌룬 스커트도 간단하게 만들 수 있어요. 풍성하게 만들려면 얇은 천을 사용하는 것이 포인트.

완성된 사이즈

110cm 사이즈 아이 옷으로 스커트 기장이 약 32cm

재료

천: 110×70cm

고무줄: 1.5cm 폭 고무줄 40cm 내외(허리에 맞춰 자를 것)

※ (스커트 기장×2)+6cm로 하면 필요한 천의 길이를 계산할 수 있다.

만드는 법

① 허리가 될 부분을 안으로 접어 다림질을 해놓는다.

② 천 바깥쪽이 서로 마주 보도록 반으로 접어 가장자리 부분을 함께 박고, 시접을 좌우로 펴서 다림질한다.

③ 천 바깥쪽이 밖으로 나오도록 뒤집는다. 아랫단을 접어 위단과 겹치는데, 이때 ● 표시를 10cm 정도 어긋나게 겹친다(옷자락이 둘레가 됨).

④ 그림과 같이 허리 부분의 천을 겹쳐 박는다. 이때 고무줄을 끼울 수 있도록 2cm 구멍을 남겨둔다.

⑤ 허리에 고무줄을 끼우고 고무줄 양끝을 함께 박는다.

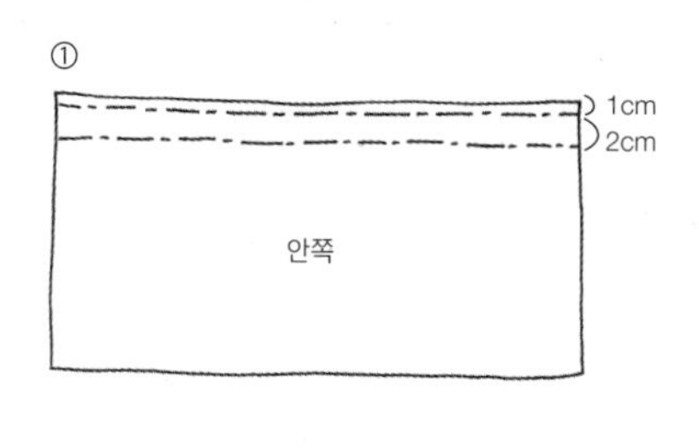

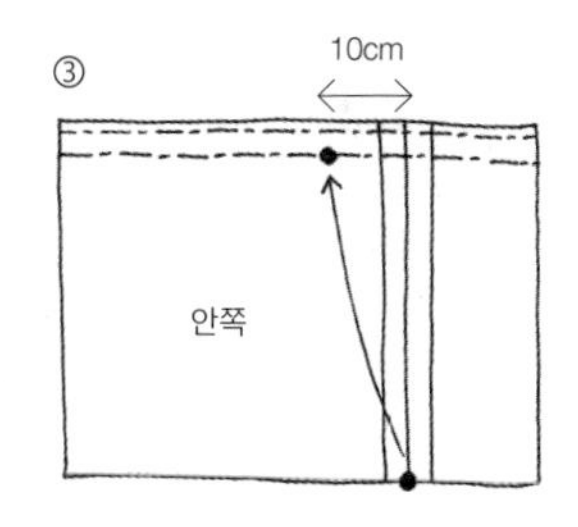

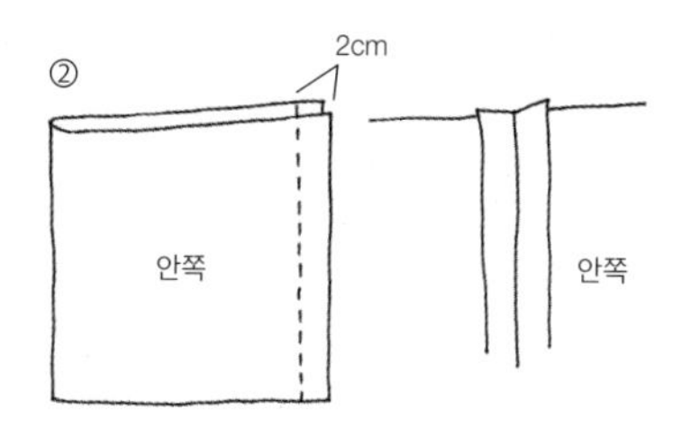

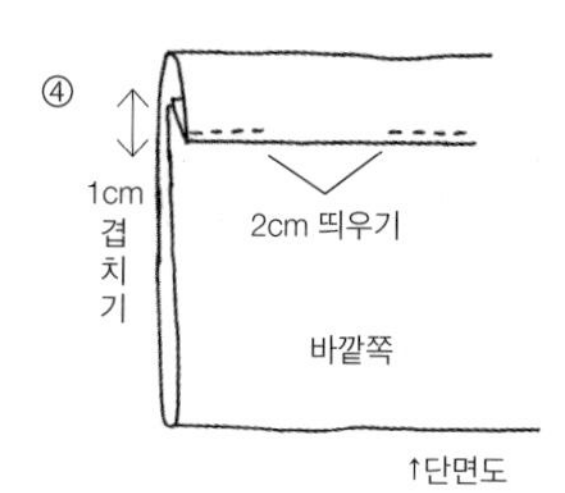

제6장

사람들과 어울리기

엄마들은 아이들이 같은 또래라는 이유로 전혀 알지 못했던 사람들과도 교류하게 됩니다. 어린이집이나 유치원, 학교에 다니게 되면 선생님들과 학부모들과의 만남이 시작되지요. 사람들과 원만하게 지내기 위해서는 좋은 사람이라는 인상을 줄 필요가 있어요. 그 사람의 기술이나 능력 이상으로 사람 됨됨이 역시 중요하게 생각되기 때문이에요. 많은 사람들의 도움을 받으며 더불어 살아가기는 모두 마찬가지입니다. 그렇기에 우선 주위 사람들에게 기분 좋게 인사합니다. 달갑지 않은 일도 기분 좋게 맡아 해보면서, 밝게 아낌없이 주다 보면 내가 주는 것 이상의 무언가가 결국은 나에게 돌아온다는 사실을 깨닫게 됩니다.

늘 감사하는
마음으로

우리는 다양한 곳에서 여러 사람들로부터 도움을 받고 있습니다. 그래서 항상 감사하는 마음을 갖는 것이 중요합니다.

사람은 혼자서 살 수 없다는 말을 흔히 하는데, 아이를 키우다 보면 그 말을 더욱 실감하게 돼요. 제가 가사와 육아를 하는 동안 남편은 회사에서 일을 합니다. 유치원이나 학교에서는 선생님들이 아이들을 성의껏 돌봐줍니다. 물건을 만드는 사람, 거리와 생활공간을 정비해주는 사람, 이런 사람들 덕분에 편리하게 생활할 수 있습니다.

우리는 돈을 주고 물건을 사거나 서비스를 받는 소비자 입장에 익숙하지만, 엄밀히 말해 학교라는 곳은 교육이라는 서비스를 제공해주는 곳이 아니기에 아이들을 보살펴주는 것을 당연하게 여겨서는 안 됩니다. 아이를 가르치고 있다는 의미에서 교사도 부모도 같은 입장이지요. 아이들을 건강하게 성장시키기 위해 어른들은 같은 방향을 바라보며 함께 양육하고, 함께 가르친다는 마음을 가져야 합니다. 그렇기 때문에 자신은 아무것도 하지 않으면서 권리만 주장하고, 문제가 발생했을 때 상대를 비난하는 사람은 되고 싶지 않아요. 그것은 비단 아이 문제뿐만 아니라 어떤 경우에 있어서도 마찬가지입니다.

1

2

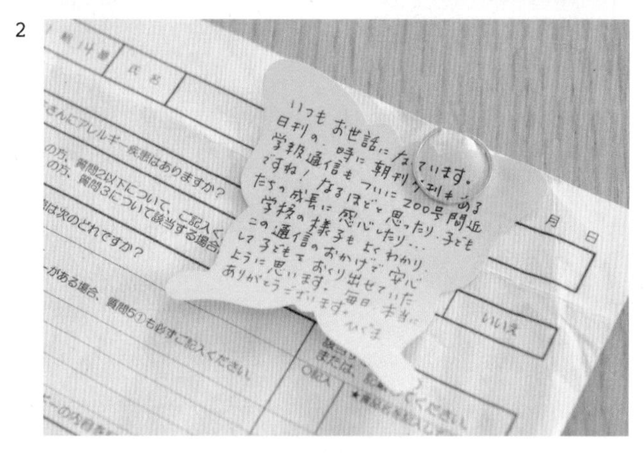
いつも お世話になっています。
日刊の、時に朝刊夕刊もある
学級通信も ついに200号間近
ですね！ なるほどと思ったり、子ども
たちの成長に感心したり…
学校の様子もよくわかり、
この通信のおかげで安心
して子どもを おくり出せていた
ように思います。毎日
ありがとうございます。
ひぐま
さんにアレルギー疾患はありますか？
は次のどれですか？
月 日
いいえ

3

선생님께 쓰는 편지

요즘 선생님들은 정말 열의를 다해 아이들을 가르치십니다. 그래서 가끔은 편지를 써 감사의 마음을 전해요. 교사를 하고 있는 친구에게 편지를 받을 때가 가장 기쁘다는 말을 들었기 때문이에요. 편지에는 되도록 좋은 내용을 씁니다. 그리고 봉투도 봉하지 않아요. 읽으려고 마음만 먹으면 아이도 읽을 수 있어요. 그러면 부모가 어떤 의도를 가지고 쓴 것이 아님을 알게 될 테고 부모도 선생님을 신뢰하고 존중하고 있다는 사실을 알게 됩니다.

아이가 그렇게 이해한다면 선생님의 말씀을 경시하거나 수업을 방해하는 행동은 결코 하지 않을 거예요. 부모의 생각은 아이에게 직접적으로 전해집니다. 부모가 학교에 호의를 갖고 있는 가정에서는 아이들이 비뚤어지지 않아요. 아이가 있어야 할 자리를 편안하게 만들어주기 위한 부모의 지원은 얼마든지 가능한 일입니다.

1_ 봉투는 봉하지 않은 상태로.

2_ 포스트잇에 메모.

3_ 행사가 끝난 뒤.

先日は 子どもを
預ってくれて ありがとう!
次は 我が家にも
来てね。
あさこ

엄마들에게 고마움 표현하기

아이를 잠시 맡기거나 데려오는 것을 부탁하는 등, 이웃에 사는 엄마들이 없었다면 아이를 어떻게 키웠을지 상상이 안 가요. 다들 아이 키우는 입장에서 서로 도와주고 있기에 고마운 마음을 어떻게든 전하고 싶어집니다. 그리고 집에 방문할 때면 뭔가 선물을 하고 싶은 마음이 생깁니다. 그럴 때는 손수 만든 과자를 들고 가요.
때로는 카스테라를 만들기도 하고 쿠키를 만들기도 하는데, 상대가 너무 부담스러워하지 않도록 포장은 요란하지 않으면서 예쁘게 신경을 씁니다. 평소에 과자를 만들 틀이나 종이컵, 빈 상자를 준비해두면 아주 편리해요. 색종이나 색깔 있는 냅킨을 얹고 고무줄이나 리본으로 묶기만 해도 깜찍한 포장이 됩니다.

1

2

3

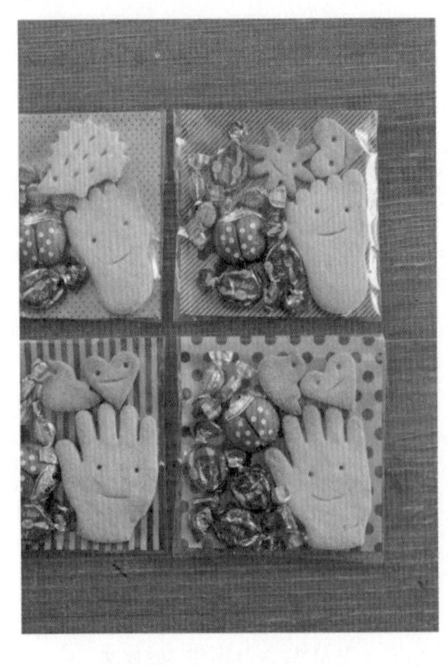

4

포장 아이디어

1 바구니에 담기
구운 스콘에 잼, 홍차 티백을 곁들여 점심 티 세트를 준비한다. 바구니는 100엔 숍에서 구매. 포장 이외에도 유용하게 쓸 만한 것들을 유심히 체크할 것!

2 쿠킹 시트 활용
케이크를 그대로 선물할 때는 쿠킹 시트로 둥글게 감싸 끈이나 리본을 두른다. 여기에 도토리나 솔방울을 장식하기도 한다. 태그에 케이크에 대한 간단한 설명과 메시지도 적는다.

3 투명한 봉지에 종이 깔기
여러 사람들에게 과자를 나누어 줄 때는 이런 느낌으로 포장한다. 기름 묻는 것이 걱정될 때는 종이 위에 투명한 필름지 하나를 더 깔기도 한다. 보기에 예쁜 수입과자를 함께 넣곤 한다.

4 투명 컵에 넣기
그대로 집어 먹을 수 있는 작은 쿠키는 투명 컵에 넣어 내용물이 보이도록 포장한다. 티백도 넣어 오후 간식 세트로 한다. 일회용 플라스틱 컵도 포장에 활용한다.

점심 초대

아이가 떠들어도 좋고 다른 사람을 눈치볼 필요도 없어서, 집에 엄마들을 초대해 식사를 하곤 합니다. 아기가 졸려 하면 이불에 눕히면 되고 어부바를 해주면서 밥을 먹을 수도 있어요. 남의 시선을 의식할 필요 없이 맛있는 음식을 먹으며 함께하는 시간이 엄마들에게는 더없는 즐거움이죠.
모두 평소에는 가사와 육아에 정신없을 것이기에 우리 집에서 느긋한 시간을 보낼 수 있도록 카레를 준비합니다. 예전에 친구들로부터 많은 도움을 받았으니 이제 좀 여유가 생긴 내가 누군가에게 도움을 줄 차례라고 생각해요. 도움을 받은 당사자에게 직접 은혜를 갚는 것도 중요하지만 내가 받은 은혜를 다른 누군가에게 돌려주는 일도 참 멋진 일인 것 같습니다.

1

2

3

4

각자 준비해 온 점심

각자 한두 가지 음식만 준비해도 한데 모이면 풍성한 만찬이 차려져요. 평소에는 잘 먹지 않던 음식도 먹게 되고 요리 레시피도 서로 공유합니다. 맛집이나 레스토랑과는 멀어졌지만 어설픈 식당보다는 집에서 먹는 편이 훨씬 맛있다고 여기며 위안을 삼기도 합니다.
음식을 준비해 올 때 활약을 하는 것이 찬합과 유리 용기. 이것들은 보관 용기로도 활용할 수 있고 접시에 옮기지 않고 바로 테이블에 놓아도 손색이 없어요. 소박한 음식에 잎사귀를 얹어 포인트만 줘도 훨씬 근사해집니다. 엽란이나 남촉목 등을 키우면 편리하게 활용할 수 있어요. 디저트는 100엔 숍에서 산 컵에 담아 먹음직스럽게 내놓습니다. 설거지 부담도 줄어 더욱 흐뭇해요.

1 찬합에 넣어서.
2 유리그릇에 담아서.
3 100엔짜리 컵 활용.
4 잎사귀로 포인트 주기.

1

2

3

4

선물 아이디어

1__ 여행 선물

선물용으로 판매하는 것 말고 현지 사람들이 평상시 사용하고 먹는 것들을 선택하는 경우가 많다. 큰 봉지에 든 것은 조금씩 덜어 몇 가지 종류를 섞어 담으면 받는 사람도 즐겁지 않을까!

2__ 출산 축하

두꺼운 천 소재의 가방을 써보니 아주 유용해서 같은 것을 만들었다. 외출할 때는 기저귀 등을 넣어 다니면 좋다. 피부에 자극적이지 않은 비누와 타월을 세트로 보내기도 한다. 손가락 인형은 덤!

3__ 사진첨부 카드

사진을 보내거나 받을 일이 꽤 있다. 최근에는 데이터로 주고받는 경우가 많은데 도화지로 이렇게 카드처럼 만들어 보내면 선물 받은 아이는 기뻐하며 벽에 걸어둘 것만 같다.

4__ 포토북

부모님이나 이사하는 엄마들에게는 물건보다 추억을 선물하는 것이 좋지 않을까 하는 마음에 포토북을 준비한다. 사진을 책으로 만들어주는 웹사이트를 이용하고 있다.

제7장

계절을 만끽하기

일본은 사계절이 뚜렷하고 계절마다 행사가 있어요. 할로윈이나 크리스마스처럼 화려하지는 않지만 옛날 사람들의 추억이 가득 차 있는 아름다고 유서 깊은 행사들입니다. 봄에는 벚꽃놀이, 여름에는 불꽃놀이에 봉오도리(백중맞이 밤에 남녀들이 모여 추는 윤무) 등, 계절을 만끽할 수 있는 행사가 아주 다양해요. 평범한 날조차 약간의 아이디어를 발휘하면 그 계절에 맞는 이벤트가 되기도 합니다. 우리의 일상에는 하레(비일상)와 케(일상), 즉 경사스러운 날과 평범한 날이 있어요. 매일 똑같은 날이 반복되면 생활이 무미건조해집니다. 그래서 하레를 만들어 생활을 재충전할 수 있게 하는 것이지요. 내일을 위한 에너지가 되도록 하레의 날을 일상에 적절히 적용하면 좋을 것 같아요.

봄

봄에는 3월 3일에 작은 인형을 장식하고 여자아이의 행복을 비는 히나마쓰리부터 행사가 시작됩니다. 이날에는 고명을 얹은 초밥에 대합 국물을 준비해요. 봄방학에는 성묘를 가고 벚꽃놀이도 즐깁니다. 그리고 신학기로 분주한 나날을 보내다 보면 어느새 어린이날이 다가옵니다.
어린이날에 하는 고이노보리는 종이나 천 등으로 잉어 모양을 만들어 기처럼 장대에 높이 매달아 바람에 나부끼게 하는 것인데, 그 색깔이 사람이 지켜야 할 다섯 가지 도(道), 즉 인(파란색), 의(흰색), 예(빨간색), 지(검은색), 신(노란색)을 나타낸다고 해요.
이렇듯 작물이 풍성하게 결실을 맺을 수 있도록, 아이들이 건강하게 성장할 수 있도록 비는, 이런 행사들을 앞으로도 소중하게 이어나갔으면 하는 바람이에요. 일본의 행사들은 원래 일상생활에 대한 기원이 형태로 나타난 것이기에 맛있는 음식도 먹으면서 가족과 그 계절의 행사를 축하하며 보내면 우리의 생활이 보다 풍요롭고 행복해질 것 같아요.

1

2

3

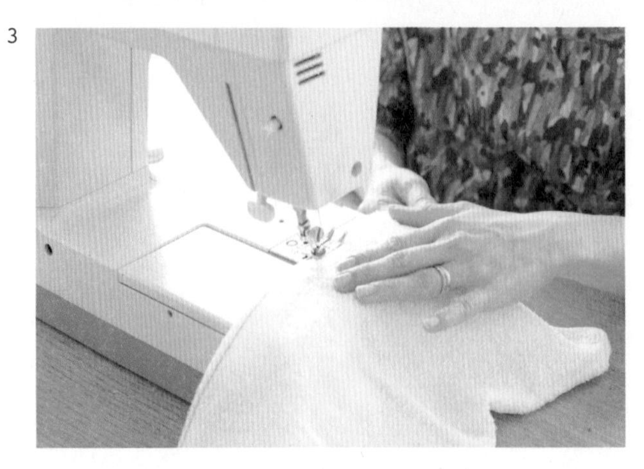

1 _ 벚꽃놀이

벚꽃이 피면 매해 친구 가족들과 신주쿠교엔에 간다. 벚꽃이 흐드러지게 핀 곳에 있으면 강한 생명력과 기운을 느낄 수 있다. 만개한 벚꽃 아래에서 마음껏 에너지를 충전한다.

2 _ 히나마쓰리

이 찬합은 도쿠시마에서 나들이용으로 쓰는 도시락. 아이가 태어나고 처음 맞는 명절에 엄마가 보내주신 것. 3단 찬합에는 꽃장식 유부초밥이나 흑설탕 과자를 넣는다. 〈칠기장 이치카와〉 제품.

3 _ 새 학기 준비

아이가 유치원에 들어가기 전에는 시간에 쫓기며 만들어야 했지만 해가 갈수록 짬이 생긴다. 손수건이나 준비물에 이름도 적고 원복 끈이나 단추도 수선해둔다.

4

5-1

5-2

4 꽃가루 알레르기 대책
감기나 꽃가루 알레르기로 코가 막히고 목이 아플 때 유칼립투스 아로마오일을 피운다. 집 안 공기도 정화된다.

5 어린이날
고이노보리나 투구를 장식하고 가시와모치(떡갈나무잎에 싼 팥소 찰떡)를 먹고 운수를 좋게 한다는 중화 치마키(띠, 조릿대잎에 싸서 찐 찹쌀떡)를 만든다. 이날 밤은 창포물에 들어가 올해도 건강하게 보내기를 기도한다.

캔들 나이트 | 여름밤에는 가끔 전등을 끈다. 핸드메이드 양초에 불을 밝히고 식사를 하거나 그림책을 읽으며 고요하게 밤을 보낸다.

여름

청매실이나 햇생강이 나오기 시작하면 진액이나 감주를 담그는 일로 분주해집니다. 올해도 어김없이 찾아온 여름을 맞으며 베란다에 여주와 채소 모종을 심습니다. 여주는 화분에서 키워도 여름에는 매일 수확할 수 있을 만큼 잘 자라요.

7월에 접어들면 바로 칠석 행사가 있어요. 하지만 이날은 아직 장마 기간이라 하늘에서 별을 볼 수 없을 때가 많아요. 차라리 음력으로 하면 어떨까 싶어요. 나나쿠사가유(봄나물 7가지를 넣고 끓인 죽)를 먹는 날에는 길가에 일곱 가지 봄나물도 모여 있고 모모노셋구(삼월 삼짇날의 명절, 히나마쓰리)에는 복숭아꽃이 핍니다. 칠석도 음력에 맞추면 장마가 끝날 무렵이기에 운이 좋으면 은하수를 볼 수도 있어요. 그래야 자연과 행사와 일상생활이 한데 어우러져 더 의미가 있을 것 같아요.

1

2

3

1__ 생강진액

생강진액은 생강을 껍질째 얇게 썰어 설탕, 물, 시나몬 스틱과 함께 20분 정도 바짝 졸이면 된다.

2__ 매실청

매실은 씻어 꼭지를 떼고 냉동시킨다. 깨끗한 유리병에 넣고 동량의 설탕을 넣고 골고루 묻혀 서늘하고 그늘진 곳에 둔다. 일주일 이상 두면 매실청 완성.

3__ 칠석

칠석 밥상에는 식전에 마시는 매실주와 조릿대에 얹은 초밥, 오이 생강무침, 은하수를 연상시키는 소면이 들어간 칠석주가 올라간다. 칡만두와 조림도 곁들인다.

4

5

6

4 베란다 텃밭

베란다에 채소를 키우고 있다. 그런데 이상하게 오이는 늘 실패한다. 토마토, 여주, 허브 종류는 키우기 쉬운 것 같다.

5 여주 커튼

여주는 차양 역할도 하고 열매도 수확할 수 있고 키우기도 간단한 우수 작물이다. 보기에도 시원하고 좋다.

6 베란다 풀장

친구들을 불러 베란다에서 물놀이 이외에도 낚시 놀이나 탱탱볼 건지기 놀이도 즐긴다. 축제 때 즐기는 놀이를 하는 것 같다며 다들 굉장히 좋아한다.

가을을 찾아서 | 공원에 가면 솔방울이나 도토리 같은 나무 열매가 아주 많다. 낙엽도 예쁘다. 주워 온 것은 만들기나 소꿉놀이 재료로 쓴다.

가을

긴 여름을 무사히 보내고 문득 위를 올려다보면 어느새 하늘이 청명한 가을로 물들어 있어요. 가을은 먹을거리가 풍성하고 무엇을 해도 기분 좋은 계절이에요.
최근 슬로 라이프라든가 워크 라이프 밸런스 등, 마음의 여유를 중요시하면서 우리의 생활을 돌아보는 움직임이 커지고 있어요. 계절 행사는 그런 생활 방식의 근간이 되기도 합니다.
일, 가사, 육아에 간호까지, 모든 일을 짊어지고 바쁘게 생활하고 있는 우리 엄마들. 달맞이 날뿐만 아니라 가끔 아무 때나 하늘을 올려다보며 달과 별을 바라보는 것도 좋지 않을까요. 달이 둥그레지고 이지러지는 변화를 보고 있으면 힘든 나날만 계속되는 것이 아니라, 매일매일 또 새로운 날이 찾아온다는 사실을 깨닫게 됩니다. 그리고 오늘 역시 더할 나위 없이 소중한 날임을 느끼게 돼요.

1
2
3
4-1
4-2
4-3

1_ 할로윈

매해 유령이나 박쥐 모양의 틀로 쿠키를 굽는다. 사진의 호박 모양 가방은 종이로 만들었다. 여기에 쿠키를 담아 나눠주는 것도 즐거운 일이다.

2_ 달맞이

달구경을 즐기고 수확에 감사하는 행사. 쌀가루로 15개의 경단을 만들고 가을의 수확물인 토란이나 고구마 등의 작물을 올린다.

3_ 밤조림

해마다 밤이 나오기 시작하면 껍질째 밤을 조려 시어머니께 보내드린다. 배달용 전용 용기도 있다. 조린 밤으로 타르트를 만들어도 맛있다!

4_ 고구마 과자

직접 가서 캐 오거나 이웃에게 받는 등, 이 시기에는 집에 고구마가 한가득. 아이들이 가장 좋아하는 고구마 맛탕을 즐겨 만든다.

유자 목욕 | 동지는 1년 중 해가 가장 짧은 날이다. 이날 비타민이 풍부한 호박을 먹고 유자를 띄운 물에 몸을 담그면 1년 내내 감기에 걸리지 않는다고 한다.

겨울

크리스마스에 설날까지, 겨울은 설렘이 가득한 계절이죠. 크리스마스를 준비할 때는 둘째 아들이 명보조로 나서서 함께 만찬을 준비합니다.
연말은 대청소를 끝내고 나면 오세치요리(설날음식) 준비로 아주 바빠요. 찬합에 음식을 담을 때는 백화점의 오세치요리 카달로그를 참고합니다. 이렇게 맞이하는 설날은 1년 중에 아주 중요한 명절이에요. 조상과 곡물의 신인 도시가미를 맞이하고 가는 해에 대한 감사와 오는 해의 평화를 기원합니다.
연중행사를 소중하게 이어오신 엄마에게 그 가르침을 받았고 저 역시 전통적인 행사를 정성스럽게 이어나가고 싶어요. 이런 행사는 가정에서 지켜나가지 않으면 언젠가 사라집니다. 하지만 이렇게 자녀에게 계속 이어진다면 굉장히 의미 있고, 멋진 일이라 생각합니다.

설
날

1

2

3

1 크리스마스

크리스마스가 되면 트리를 꺼내서 예쁘게 장식합니다. 장식은 아이들이 담당. 트리와 장식은 〈도큐핸즈〉에서 구입.

2 입춘 전날

병, 불행, 가난을 부르고 평화를 어지럽히는 모든 나쁜 잡귀를 쫓아버리는 행사를 한다. 잡귀가 싫어하는 호랑가시나무와 정어리, 잡귀 퇴치에 쓰는 나무공이와 통을 장식한다.

3 나나쿠사가유

일본에서 1월 7일은 인일(人日)로, 올 한 해도 병에 걸리지 않도록 기원하며 일곱 가지 나물을 넣어 쑨 죽을 먹는 날이다. 죽은 설날 때 혹사당한 위장을 편안하게 해준다.

시데 만들기

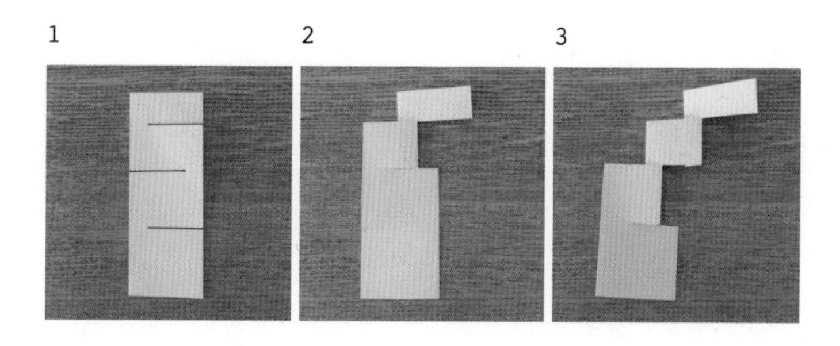

1__ 지그재그로 칼집을 주는 것이 시데(나뭇가지에 매달아 악한 기운을 쫓는 종이)의 기본이므로 사진과 같이 칼자국은 세 개. 맨 위는 비교적 좁게 하고 조금씩 간격을 주면서 마지막은 넓게.

2__ 칼자국을 넣은 첫 부분을 안으로 접는다. 나머지는 바깥으로 접는다.

3__ 사각형이 포개어지도록 접으면 완성. 다른 한 장은 대칭이 되도록 칼자국을 넣고 반대 쪽으로 똑같이 접는다.

마치며

처음 아이를 출산했을 때, 감당하기 힘든 생명을 낳았다는 생각에 심적 부담이 아주 컸습니다. 생명을 도로 앗아낼 수 없는 일이고 도중에 포기하는 것도 용납할 수 없었죠. 이렇게 시작된 아이와의 생활은, 아이는 마냥 예쁘지만 그만큼 힘들고 정신없으면서도 행복한 나날의 연속이었습니다.

하지만 일상생활이 단조롭고 무언가를 창출하고 있다는 실감도 나지 않았기에 계속해서 동기를 부여하는 것이 가장 힘들었어요. 그런 날들에 정말 지칠 때는 가족에게 심정을 토로하고 일단은 그저 잠을 잤어요. 그리고 어느 정도 기운이 차려지면 눈에 보이는 성과를 만들어내기 시작했어요. 새로운 요리에 도전하기도 하고, 청소를 해서 방을 깨끗이 하기도 했지요. 그렇게 해서 내가 편하면 가족도 편안해졌어요. 그리고 가장 중요한 것은 누군가가 알아주지 않더라도 스스로 자신을 인정해줄 것. 매일 하고 있는 일에 스스로 '예스'라고 말해줄 것. 왜냐하면 자신의 행복은 스스로 만드는 것이니까요.

매일 진지하게, 매일 성실하게, 내가 하고 싶은 일뿐만 아니라 눈앞에 해야 할 일이 있다면 확실히 하는 것. 결국 그것이 최선이 아닐까 생각합니다. 매일 옳은 일을 하면서 생활하다 보면 자연스럽게 옳은 길이 열리리라 믿으며, 그저 지금 내가 있는 곳에서 최선을 다하고 싶어요.

누구에게나 하루 일과는 평범한 일상이 되고 사회는 이러한 모든 이의 일상이 모여 원활하게 돌아갑니다. 그래서 평범한 일상이 소중한 것 같습니다. 셋째 아이가 생겼을 때 다시 사회생활을 할 수 없게 되었지만 그렇다면 주부로서 프로가 되어보자고 다짐했어요. 그렇게 매일 엄마의 일을 담담하게 하다 보니 한 가족의 일상을 이렇게 책으로 엮게 되었습니다. 이 사실이 그저 놀라울 뿐이에요.

마지막으로 많은 집들 가운데 우리 집에 관심을 갖고 함께 책 만드는 일에 도움을 주신 와니북의 스기모토 씨, 그 공간의 분위기까지 담아 멋지게 사진을 찍어주신 하라다 씨, 가장 우리 집답게 산뜻한 디자인을 해주신 와타나베 씨, 그리고 참여해주신 모든 분들께 진심으로 감사드립니다. 책을 만드는 동안 늘 적극적으로 도와준 남편과 아이들에게도 고마움을 전합니다. 그리고 아이들에게는 이 말을 꼭 전하고 싶어요.

너희들의 엄마로 살게 해줘서 정말 고마워!

2014년 8월

히구마 아사코

히구마 아사코

1973년 도쿄 출생. 대학 졸업 후, 기업에서 홍보 업무를 맡았다. 첫아이 출산을 계기로 퇴직하고 전업주부 생활에 돌입. 자녀는 2남 1녀를 두고 있다. 2004년부터 '히구마네 생활(ひぐま家の生活)'이라는 블로그를 운영. 소소하지만 핵심이 있는 생활 방식과 육아법이 주목을 받아 TV나 잡지에서 수차례 소개되기도 했다. 이 책은 그녀의 첫 번째 책이다.

블로그 http://higumake.exblog.jp

박문희

숙명여자대학교 일본학과 졸업. 한국외국어대학교 교육대학원 일본어교육과 졸업. 현재 바른번역 소속 번역가로 활동 중이다. 역서로는 「수납인테리어」 「작은집 수납인테리어」 「365일 일러스트」 「나만의 스위츠숍 커피숍 차리기」 「마법의 병조림」 「천연발효빵」 「든든한 남자 토스트 가벼운 여자 토스트」 등이 있다.

엄마의 일

1판 1쇄 발행 2016년 2월 22일

지은이 히구마 아사코
옮긴이 박문희

발행인 이상영
편집장 서상민
편집인 이다인
마케팅 윤미인
디자인 오소명
교정·교열 안덕희
펴낸곳 디자인이음

등록일 2009년 2월 4일 : 제 300-2009-10호
주소 서울시 종로구 자하문로24길 24
전화 02-723-2556
팩스 02-723-2557
이메일 designeum@naver.com
블로그 blog.naver.com/designeum
페이스북 facebook.com/designeumbook
인스타그램 instagram.com/design_eum

값 14,000원
ISBN 978-89-94796-57-4 03590